航天科技图书出版基金资助出版

航天电子常用危险化学品安全管理

中国航天电子技术研究院　主编

中国宇航出版社
·北京·

图书在版编目(CIP)数据

航天电子常用危险化学品安全管理/中国航天电子技术研究院主编. --北京：中国宇航出版社，2022. 7

ISBN 978-7-5159-2100-6

Ⅰ. ①航… Ⅱ. ①中… Ⅲ. ①航天器—电子器件—化学品—危险物品管理—安全管理 Ⅳ. ①V443②TQ086. 5

中国版本图书馆 CIP 数据核字（2022）第 135399 号

责任编辑　张丹丹　　封面设计　宇星文化

出版发行　中国宇航出版社

社　址　北京市阜成路 8 号　邮　编　100830

(010) 68768548

网　址　www. caphbook. com

经　销　新华书店

发行部　(010) 68767386　(010) 68371900

(010) 68767382　(010) 88100613（传真）

零售店　读者服务部　(010) 68371105

承　印　天津画中画印刷有限公司

版　次　2022 年 7 月第 1 版

2022 年 7 月第 1 次印刷

规　格　787×1092

开　本　1/16

印　张　9　彩　插　12 面

字　数　212 千字

书　号　ISBN 978-7-5159-2100-6

定　价　68. 00 元

航天科技图书出版基金简介

航天科技图书出版基金是由中国航天科技集团公司于2007年设立的，旨在鼓励航天科技人员著书立说，不断积累和传承航天科技知识，为航天事业提供知识储备和技术支持，繁荣航天科技图书出版工作，促进航天事业又好又快地发展．基金资助项目由航天科技图书出版基金评审委员会审定，由中国宇航出版社出版。

申请出版基金资助的项目包括航天基础理论著作，航天工程技术著作，航天科技工具书，航天型号管理经验与管理思想集萃，世界航天各学科前沿技术发展译著以及有代表性的科研生产、经营管理译著，向社会公众普及航天知识、宣传航天文化的优秀读物等．出版基金每年评审1～2次，资助20～30项。

欢迎广大作者积极申请航天科技图书出版基金．可以登录中国航天科技国际交流中心网站，点击“通知公告”专栏查询详情并下载基金申请表；也可以通过电话、信函索取申报指南和基金申请表。

网址：http：//www.ccastic.spacechina.com

电话：（010）68767205，68767805

《航天电子常用危险化学品安全管理》编写委员会

主　任　宋树清

成　员　杨宏志　王建国　温　斌　姚竹贤
常明祖　廖世宾　马旭光　桑　峣
李益民　穆京伟　李江艳　赵唯佳
赵旭东　潘　程　赵　岩　王元元
张　桐　王　冰　朱　琳

前　言

中国航天电子技术研究院是专业从事航天电子技术研究与产品开发的国防科技工业重要力量，先后承担了载人航天、探月工程、北斗导航等国家重大工程任务，为“弹、箭、星、船、器”提供了数以千万计的惯性导航、遥测遥控、计算机、集成电路、机电组件配套产品，创造了新中国科技史上的数十项“第一”。

近年来，中共中央、国务院高度重视安全生产工作，习近平总书记对安全生产工作做出了一系列重要论述。在当前复杂多变的国际形势、愈发繁重的科研生产任务面前，坚决贯彻落实习近平总书记关于安全生产工作的指示精神，保证安全生产，是我们支撑航天强国、建设世界一流军队的首要任务。

“发展决不能以牺牲人的生命为代价”，这是我们不可逾越的红线。自2020年以来，为贯彻落实中国航天科技集团有限公司关于安全生产专项整治三年行动计划的有关要求，强化航天电子危险化学品管理，我们结合发展需要，编制了《航天电子常用危险化学品安全管理》一书。

本书旨在对航天电子，包括无人系统、物联网、惯性仪器仪表、遥测遥控、计算机及软件、微电子、机电组件等专业领域常用危险化学品管理的基础理论和多年实践经验进行总结，帮助航天电子专业各企业领导、危险化学品管理人员、安全生产管理人员、技术人员、新员工等了解航天电子专业危险化学品管理的基本理论、管理要求和问题解决方案。本书包括危险化学品基础知识、危险化学品相关法规及标准要求、航天电子生产常用危险化学品防火防爆技术、航天电子常用危险化学品风险源的辨识与评价、航天电子常用危险化学品使用现场管理要求、常用危险化学品隐患排查治理、常用危险化学品事故的应急救援与处置、危险化学品智能化管控探索等8章。

在编写本书过程中，得到了中国航天科技集团有限公司有关领导的指导和大力支持，中国航天电子技术研究院各辖属单位积极参与，并提供了优质的素材，在此一并表示感谢。

目　录

第1章　危险化学品基础知识

本章从危险化学品的定义和分类入手，重点介绍了危险化学品的基础知识，“一书一签”的基本内容，使用和管理的基本要求。同时，结合航天电子产品生产工艺，介绍了危险化学品主要类别以及航天电子生产过程中危险化学品使用的典型应用环节等。

1.1　危险化学品基本概念

1.1.1　危险化学品的定义

危险化学品是指具有毒害、腐蚀、爆炸、燃烧和助燃等性质，对人体、设施和环境具有危害的剧毒化学品和其他化学品。危险化学品的品种依据 GB 13690—2009《化学品分类和危险性公示 通则》，从物理危害、健康危害和环境危害特性类别中确定。

1.1.2　危险化学品的特征

危险化学品的特征如下：

1）具有爆炸性、易燃、毒害、腐蚀和放射性等性质。

2）在生产、运输、使用、储存和回收过程中易造成人员伤亡和财产损毁。

3）需要特别防护。

一般认为，只要同时满足以上三个特征，即为危险化学品。

1.2　危险化学品的分类

按照我国目前已公布的法规、标准，根据危害性质不同将危险化学品分为三大类，每一类又分为若干项。

第一类：理化性质危害（16项）

爆炸物、易燃气体（包括化学性质不稳定气体）、易燃气溶胶、氧化性气体、压力下气体、易燃液体、易燃固体、自反应物质或混合物、自燃液体、自燃固体、自热物质和混合物、遇水放出易燃气体的物质或混合物、氧化性液体、氧化性固体、有机过氧化物、金属腐蚀物。

第二类：健康危害（10项）

急性毒性（进入人体的途径主要有食入、吸入和皮肤吸收）；皮肤腐蚀/刺激；严重眼损伤/眼刺激；呼吸或皮肤过敏；生殖细胞致突变性；致癌性；生殖毒性；特异性靶器官系统毒性（一次接触）；特异性靶器官系统毒性（反复接触）；吸入危险（我国还未转化成为国家标准）。

第三类：环境危害（2 项）

危害水生环境［分为急性（短期）、慢性（长期）］。

危险化学品的主要理化特性分类，见表 1-1。

表 1-1 危险化学品的主要理化特性分类（见彩插）

1	爆炸物
定义	本类化学品指在外界作用下（如受热、摩擦、撞击等），能发生剧烈的化学反应，瞬时产生大量的气体和热量，使周围压力急骤上升，发生爆炸，对周围环境造成破坏的物品，也包括无整体爆炸危险，但具有燃烧、抛射及较小爆炸危险的物品
象形图	 如叠氮钠、黑索金、2，4，6-三硝基甲苯（TNT）、三硝基苯酚
特性	1）爆炸性。受热、撞击、摩擦及遇明火等易发生爆炸 2）殉爆。当炸药爆炸时，能引起位于一定距离之外的炸药也发生爆炸，这种现象称为殉爆。殉爆是由冲击波的传播作用导致的，距离越近，冲击波强度越大，越容易引发殉爆
航天电子常用	负胶清洗剂等
2	易燃气体（包括化学性质不稳定气体）
定义	易燃气体指在 20℃和标准大气压下与空气混合有一定易燃范围的气体，根据易燃性程度分为两类（GB 30000.3—2013《化学品分类和标签规范 第 3 部分：易燃气体》）。类别 1 指 20℃、标准大气压下与空气混合物的体积分数≤13%即可点燃的气体；或不论易燃下限如何，与空气混合体积分数至少为 12%的气体，如压缩或液化的氢气（H_2）、甲烷、烃类气体、液化石油气等。类别 2 指 20℃、标准大气压下与空气混合有一定易燃范围的气体，如氨、亚硝酸甲酯等 化学性质不稳定气体指在无空气或氧气时也能迅速反应的易燃气体，分为两个类别：类别 A 指在 20℃和标准大气压下化学性质不稳定的易燃气体，如乙炔、环氧乙烷等；类别 B 指温度超过 20℃和/或气压高于标准大气压时化学性质不稳定的易燃气体，如溴乙烯、四氟乙烯、甲基乙烯醚等
象形图	 如甲烷、乙烷、丙烷、乙烯、乙炔等烃类，还有硫化氢、氢气
特性	1）易燃易爆性 2）扩散性。处于气体状态的任何物质都没有固定的形状和体积，且能自发地充满任何容器 3）带电性。任何物体的摩擦都会产生静电，氢气、乙烯、乙炔等易燃气体从管口或破损处高速喷出时，也同样能产生静电 4）腐蚀性。一些含氢、硫元素的易燃气体具有腐蚀性，如硫化氢、硫氧化碳、氨、氢等气体都能腐蚀设备，削弱设备的耐压强度，严重时可导致设备系统裂隙、漏气，引起火灾等事故 5）毒害性。很多易燃气体除具有易燃易爆性外，还有相当的毒害性，因此，在处理或扑救此类有毒气体火灾时，应特别注意防止中毒
航天电子常用	氢气、乙炔、甲烷、硫化氢等

（续）

3	易燃气溶胶
定义	气溶胶指喷雾器内装压缩、液化或加压溶解的气体，并配有释放装置，以使内装物喷射出来，在气体中形成悬浮的固态或液态微粒，或形成泡沫、膏剂或粉末，或以液态或气态的形式出现。根据其易燃程度，气溶胶可分为三类：类别 1（极易燃气溶胶）、类别 2（易燃气溶胶）和类别 3（不易燃气溶胶）
象形图	 如杀虫喷雾剂、玻璃清洁剂、脱模剂、油漆、地板蜡、发动机清洁剂、空气清新剂、发胶等
特性	1）易燃易爆性 2）物理性爆炸。储存于容器罐内的推进剂及制品，在储运过程中，受到高温、暴晒等会急剧膨胀，罐内压力随温度升高而增大，当超过容器的耐压强度时，就会发生爆炸 3）扩散性。气体因为没有固定的形状和体积，可以在整个空间自由无规则运动。若迅速扩散到相对密闭的空间，与空气形成爆炸混合物，遇到火源就会发生燃烧或爆炸 4）氧化性。有些气溶胶制品的雾化推进剂（如一氧化氮等）氧化性很强，与易燃物、有机物或还原剂接触时，能加强燃烧程度，甚至引起爆炸
航天电子常用	油漆等
4	氧化性气体
定义	一般通过提供氧，可引起燃烧或比空气更能促进其他物质燃烧的任何气体
象形图	 如氧气、氯气、氟气、二氧化氮等
特性	1）引发燃烧爆炸 2）遇强酸猛烈反应分解 3）与可燃液体作用易自燃 4）强氧化剂与弱氧化剂作用能分解 5）具有腐蚀毒害性
航天电子常用	氧气等
5	压力下气体
定义	压力下气体是指高压气体在压力≥200kPa（表压）下装入贮器的气体，或液化气体、冷冻液化气体。压力下气体可分为四类，分别是压缩气体、液化气体、冷冻液化气体、溶解气体
压缩气体	在－50℃加压封装时完全是气态的气体，包括所有临界温度不超过－50℃的气体
液化气体	在高于－50℃的温度下加压封装时部分是液体的气体，它又分为高压液化气体和低压液化气体
冷冻液化气体	封装时由于其温度低而部分是液体的气体
溶解气体	加压封装时溶解于液相溶剂中的气体

（续）

象形图	 如氢气、甲烷、氮气等
特性	1）爆炸性 2）易燃性（如氢气、甲烷、液化石油气等） 3）助燃性（如氧气、压缩空气等） 4）毒害性（如氰化氢、二氧化硫、氯气等） 5）窒息性（如二氧化碳、氮等，虽无毒，不燃，不助燃，但在高浓度时也会导致人畜窒息死亡）等性质
航天电子常用	氢气、甲烷、氮气、氩气等
6	易燃液体
定义	指易燃液体、液体混合物或含有固体物质的液体，但不包括由于其危险性已列入其他类别的液体。闪点不超过 93℃的液体，易燃液体分为四类 本类物质在常温下易挥发，其蒸气与空气混合能形成爆炸性混合物
象形图	
类别 1	闪点＜23℃且初沸点≤35℃ 如乙醚（闪点为－45℃）、乙醛（闪点为－38℃）等
类别 2	闪点＜23℃且初沸点＞35℃ 如苯（闪点为－11℃）、乙醇（闪点为 12℃）等
类别 3	23℃≤闪点≤60℃ 如丁醇（闪点为 35℃）、氯苯（闪点为 28℃）等
类别 4	60℃＜闪点≤93℃
特性	1）易挥发性 2）易流动扩散性 3）受热膨胀性 4）带电性（汽油、苯、甲苯、液态烷烃等） 5）毒害性（如 1-氯-1，3-丁二烯、2-氯丙烯、3-氯丙烯、丙烯醛）
航天电子常用	低闪点液体：乙醚、丙酮、硝基清漆、石油醚、二甲苯等 中闪点液体：汽油、乙醇、甲醇、松香水、聚氨酯清漆、乙酸乙酯、异丙醇等 高闪点液体：煤油、润滑油、柴油、乙酸异戊酯（香蕉水）、正丁醇、松节油、威尔第清洗剂、负胶显影液、紫外负性光刻胶、氨基烘干磁漆、环氧漆等
7	易燃固体
定义	指容易燃烧的固体，通过摩擦引燃或助燃的固体 与点火源（如着火的火柴）短暂接触能容易点燃且火焰迅速蔓延的粉状、颗粒状或糊状物质的固体

（续）

象形图	 如红磷、硫黄等
特性	1）易燃性 2）可分散性与可氧化性（硅粉、锰粉、钛粉等） 3）热分解性（多聚甲醛、2-硝基联苯等） 4）遇酸、氧化剂易燃易爆 5）本身或燃烧产物有毒 6）对撞击、摩擦的敏感性 7）自燃性
航天电子常用	无
8	自反应物质或混合物
定义	即使没有氧（空气）也容易发生激烈放热分解的热不稳定液态或固态物质或者混合物，不包括爆炸物、有机过氧化物或氧化物质的混合物。当自反应物质或混合物具有在实验室以有限条件加热后易于爆炸、快速爆燃或显现剧烈反应时，可认为其具有爆炸特性
象形图	 如氢氧化亚铁等
特性	自反应物质和混合物按下列原则分为“A～G 型”7 个类型： 1）在包装内，会发生爆炸或快速爆燃的任何自反应物质或混合物，被划分为 A 型自反应物质 2）在包装内，具有爆炸特性，既不会爆炸也不会快速爆燃，但易发生受热爆炸的任何自反应物质或混合物，被划分为 B 型自反应物质 3）在包装内，具有爆炸特性，不会发生爆炸、快速爆燃或受热爆炸的任何自反应物质或混合物，被划分为 C 型自反应物质 4）在实验室试验中出现以下情况的任何自反应物质或混合物： ①有限条件加热时部分爆燃，不会快速爆燃，没有呈剧烈反应 ②有限条件加热时完全不会爆炸，会缓慢燃烧，没有呈剧烈反应 ③有限条件加热时完全不会爆炸或爆燃，呈中等反应 将被划分为 D 型自反应物质 5）在实验室试验中，有限条件加热时完全不会爆炸、不爆燃，呈微反应或不反应的任何自反应物质或混合物，被划分为 E 型自反应物质 6）在实验室试验中，有限条件加热时既不会在空化状态爆炸，也完全不会爆燃，呈微反应或不反应，低爆炸能量或无爆炸能量的任何自反应物质或混合物将被划分为 F 型自反应物质 7）在实验室试验中，有限条件加热时既不会在空化状态爆炸，也完全不会爆燃，并且不发生反应，无任何爆炸能量，只要是热稳定的（50kg 包装的自加速分解温度为 60～75℃），对于液体混合物，用沸点不低于 150℃的稀释剂减感的任何自反应物质或混合物将被确定为 G 型自反应物质。如果该混合物不是热稳定的，或用沸点低于 150℃的稀释剂减感，则该混合物应被确定为 F 型自反应物质
航天电子常用	无

（续）

9	自燃液体
定义	即使数量少也能在与空气接触后 5min 内引燃的液体
象形图	 如二乙基锌、三乙基铝等
特性	易燃性：自燃点低，空气中易发生氧化反应，放出热量，自行燃烧
航天电子常用	无
10	自燃固体
定义	即使数量少也能在与空气接触后 5min 内引燃的固体
象形图	 如黄磷、铝粉等
特性	燃点和自燃点较低，容易燃烧爆炸，燃烧速度快，燃烧产物毒性大
航天电子常用	铝粉等
11	自热物质和混合物
定义	除自燃液体或自燃固体外，与空气反应不需要能量供应就能够自热的固态或液态物质或混合物；此物质或混合物与自燃液体或自燃固体的不同之处在于只有数量多（千克级）并经过长时间（数小时或数天）才会发生自燃
象形图	 如还原铁粉、活性炭和食盐混合物等
特性	只有数量很多（千克级）并经过长时间（数小时或数天）才会燃烧
航天电子常用	无
12	遇水放出易燃气体的物质或混合物
定义	通过与水作用，容易具有自燃性或放出危险数量的易燃气体的固态或液态物质或其混合物
象形图	 如氧化钠、氯化铝、金属钠、钾等

（续）

特性	遇湿易燃性
航天电子常用	无
13	氧化性液体
定义	本身不一定可燃，但通常会放出氧气可能引起或促使其他物质燃烧的液体
象形图	 如过氧化钠、高锰酸钾等
特性	1）引发燃烧爆炸 2）遇强酸猛烈反应分解 3）与可燃液体作用易自燃 4）强氧化剂与弱氧化剂作用能分解 5）具有腐蚀毒害性
航天电子常用	过氧化钠等
14	氧化性固体
定义	本身不一定可燃，但通常会放出氧气可能引起或促使其他物质燃烧的固体
象形图	 如高锰酸钾等
特性	1）具有强氧化性，易分解并放出氧和热量 2）与粉末状可燃物能组成爆炸性混合物 3）对热、振动或摩擦较为敏感
航天电子常用	高锰酸钾等
15	有机过氧化物
定义	含有二价-O-O-结构的液态或固态有机物质，可以看作是一个或两个氢原子被有机基替代的过氧化氢衍生物，也包括有机过氧化物配方（混合物），有机过氧化物是热不稳定物质或混合物，容易放热加速分解
象形图	  如过氧化苯甲酰、过氧化甲乙酮等
特性	1）易于爆炸分解 2）迅速燃烧 3）对撞击或摩擦敏感 4）与其他物质发生危险反应 5）强氧化性

（续）

航天电子常用	无
16	金属腐蚀物
定义	通过化学作用显著损坏或毁坏金属的物质或混合物 腐蚀品是指能灼伤人体组织并对金属等物品造成损坏的固体或液体，与皮肤接触在 4h 内出现可见坏死现象，或温度在 55℃时，对 20 号钢的表面均匀年腐蚀率超过 6.25mm/年的固体或液体。该类按化学性质可分为以下 3 项： 1）酸性腐蚀品，如硫酸、硝酸、盐酸等 2）碱性腐蚀品，如氢氧化钠、氢氧化钾、乙醇钠等 3）其他腐蚀品，如亚氯酸钠溶液、氯化铜、氯化锌等
象形图	 如硫酸、盐酸等
特性	1）强烈的腐蚀性（硫酸、盐酸、硝酸、氢氧化钠、氢氧化钾等） 2）氧化性。如浓硫酸、硝酸、氯磺酸等都是氧化性很强的物质，与还原剂接触易发生强烈的氧化还原反应，放出大量热量
航天电子常用	酸性腐蚀品：硫酸、硝酸、氢氟酸、铝腐蚀液、磷酸、氟化铵腐蚀液、乙二酸等 碱性腐蚀品：氢氧化钠等 其他腐蚀品：氨溶液等

1.3　危险化学品的常见危害

1.3.1　危险化学品的毒性危害

有毒物质进入人体的途径主要有食入、吸入和皮肤吸收，如图 1-1 所示。有毒物质对人体的危害主要为引起中毒，包括引起刺激、过敏、缺氧、昏迷和麻醉、全身中毒、致癌、致畸、致突变、尘肺等。

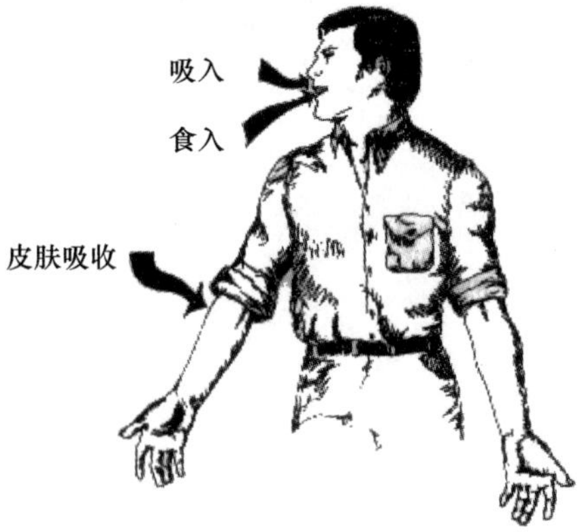

图 1-1　有毒物质进入人体的途径

1.3.2　危险化学品对环境的危害

1）对大气的危害：包括破坏臭氧层、导致温室效应、引起酸雨、形成光化学烟雾。

2）对土壤的危害：包括土壤酸化、土壤碱化、土壤板结。

3）对水体的危害：含氮、磷及其他有机物的生活污水、工业废水可导致水体的富营养化、赤潮和水华。

危险化学品对环境的危害如图 1-2 所示。

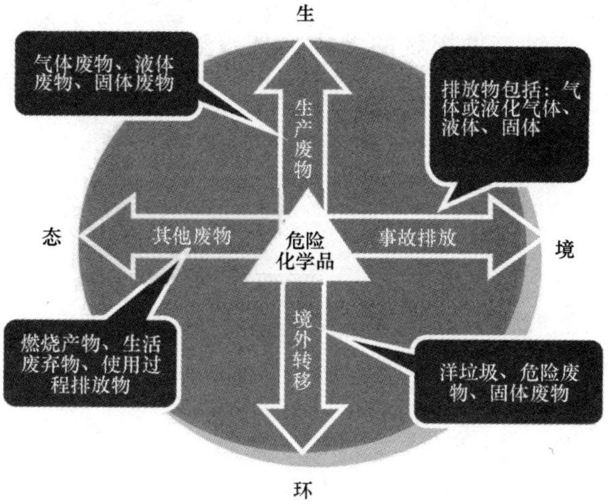

图 1-2　化学品对环境的危害

重金属、农药、挥发酚类、氰化物、砷化合物等污染物可在水生生物体内富集，造成其损害、死亡，破坏生态环境。

石油类污染可导致鱼类、水生生物死亡，还可引起水上火灾。

1.4　危险化学品“一书一签”

“一书一签”指的是危险化学品安全技术说明书和化学品安全标签。危险化学品安全技术说明书是化学品供应商向下游用户传递化学品基本信息的重要载体；化学品安全标签是用文字、图形符号和编码的组合形式标识化学品危险性和安全注意事项。“一书一签”是加强危险化学品管理的一项基本措施。

欧盟及国际标准化组织（ISO）均采用 SDS（Safety Data Sheet）术语，然而在美国、加拿大、澳大利亚以及亚洲的许多国家，SDS 也被称作 MSDS（Material Safety Data Sheet）。

我国在 2008 年前的标准 GB 16483—2000 中称为 CSDS，2008 年重新修订的标准 GB/T 16483—2008《化学品安全技术说明书 内容和项目顺序》中，与国际标准化组织进行了统一，缩写为 SDS。

SDS 与 MSDS 两种缩写在供应链上所起的作用完全一致，仅在内容上有一些细微的差别。

SDS 即安全数据表/安全说明书，主要内容包括化学品及企业标识、危害性概述、成分/组成信息、急救措施、消防措施、泄漏应急处理、操作处置与储存、接触控制/个体防护、理化特性、稳定性和反应活性、毒理学资料、生态学资料、废弃处置、运输信息、法规信息及其他信息 16 部分内容。

MSDS 即物质安全数据表/物质安全说明书。关于 MSDS 的制定标准有很多，主要有 GHS、ANSI、ISO、OSHA、WHMIS 制定的标准。目前，大部分使用的是 16 项格式的 MSDS，内容标题与 SDS 相同。

1.4.1　MSDS——危险化学品安全技术说明书

MSDS 是化学品生产商和进口商用来阐明化学品的理化特性（如 pH 值、闪点、易燃度、反应活性等）、对环境以及使用者的健康（如致癌、致畸等）可能产生的危害、危险化学品的安全使用、泄漏应急救护处置、法律法规等方面信息的综合性文件。

1.4.1.1　主要内容

MSDS 的主要内容一般包括标识、理化特性、使用、储存及应急等 16 部分内容，具体如图 1-3 所示。

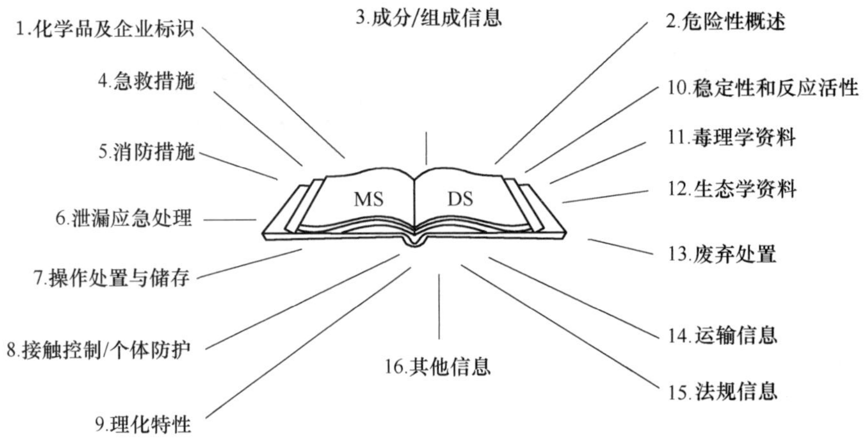

图 1-3　MSDS 的主要内容

（1）化学品及企业标识

主要标明化学品名称、生产企业名称、地址、邮编、电话、应急电话、传真和电子邮件地址等信息。

（2）危险性概述

简要概述本化学品最重要的危害和效应，主要包括危害类别、侵入途径、健康危害、环境危害、燃爆危险等信息。

（3）成分/组成信息

标明该化学品是纯化学品还是混合物。纯化学品应给出其化学品名称或商品名和通用名。混合物应给出危害性组分的浓度或浓度范围。无论是纯化学品还是混合物，如果其中包含有害性组分，则应给出化学文摘索引登记号（CAS 号）。

（4）急救措施

急救措施指作业人员意外地受到伤害时，所需采取的现场自救或互救的简要处理方法，包括眼睛接触、皮肤接触、吸入、食入的急救措施。

（5）消防措施

主要标识化学品的物理和化学特殊危险性、适合的灭火介质、不合适的灭火介质以及消防人员个体防护等方面的信息，包括危险特性、灭火介质和方法、灭火注意事项等。

（6）泄漏应急处理

泄漏应急处理指化学品泄漏后现场可采用的简单有效的应急措施、注意事项和消除方法，包括应急行动、应急人员防护、环保措施、消除方法等内容。

（7）操作处置与储存

操作处置与储存主要是指化学品操作处置和安全储存方面的信息资料，包括操作处置作业中的安全注意事项、安全储存条件和注意事项。

（8）接触控制/个体防护

接触控制/个体防护是指在生产、操作处置、搬运和使用化学品的作业过程中，为保护作业人员免受化学品危害而采取的防护方法和手段，包括最高容许浓度、工程控制、呼吸系统防护、眼睛防护、身体防护、手防护及其他防护要求。

（9）理化特性

理化特性指主要描述化学品的外观及理化性质等方面的信息，包括外观与性状、pH 值、沸点、熔点、相对密度（水=1）、相对蒸气密度（空气=1）、饱和蒸气压、燃烧热、临界温度、临界压力、辛醇/水分配系数、闪点、引燃温度、爆炸极限、溶解性、主要用途和其他一些特殊理化性质。

（10）稳定性和反应活性

稳定性和反应活性主要叙述化学品的稳定性和反应活性方面的信息，包括稳定性、禁配物、应避免接触的条件、聚合危害、分解产物。

（11）毒理学资料

毒理学资料提供化学品的毒理学信息，包括不同接触方式的急性毒性（LD_{50}、LC_{50}）、刺激性、致敏性、亚急性和慢性毒性，致突变性、致畸性、致癌性等。

（12）生态学资料

生态学资料主要陈述化学品的环境生态效应、行为和转归，包括生物效应（如 LD_{50}、LC_{50}）、生物降解性、生物富集、环境迁移及其他有害的环境影响等。

（13）废弃处置

废弃处置是指对被化学品污染的包装和无使用价值的化学品的安全处理方法，包括废弃处置方法和注意事项。

（14）运输信息

运输信息主要是指国内国际化学品包装、运输的要求及运输规定的分类和编号，包括危险货物编号、包装类别、包装标志、包装方法、UN 编号及运输注意事项等。

（15）法规信息

法规信息主要是指化学品管理方面的法律条款和标准。

（16）其他信息

其他信息是指主要提供其他对安全有重要意义的信息，包括参考文献、填表时间、填表部门、数据审核单位等。

1.4.1.2　使用与管理

危险化学品 MSDS 需要由化学品生产厂家制定。使用单位应向化学品生产厂家索取，必要时应在采购合同中明确危险化学品 MSDS 应包括的有关内容。在工作场所，企业必须提供方便的渠道让员工获得危险化学品 MSDS，并通过专题培训确保员工掌握相关知识。在危险化学品暂存间、危险化学品使用场所都应存有现行有效的相关危险化学品 MSDS。

作业人员应该在储存、运输、使用化学品过程中认真阅读危险化学品 MSDS，严格按照危险化学品 MSDS 的要求进行操作，出现问题按照危险化学品 MSDS 提供的信息处理。如果是在事故发生初期，需知道是什么化学品，有什么危害，可查安全技术说明书的第一、二、三部分，迅速找到化学品的种类和危害；如果危险情形已经发生，需要紧急处置，可查第四、五、六部分；如果想要知道如何预防和控制危险的发生，做好日常管理，可查第七、八、九、十部分内容；如果想了解其他主要安全信息，可查第十一、十二、十三、十四、十五、十六部分。在使用过程中如有疑问，应咨询专业人员，也可联系咨询厂商。

在编制危险化学品现场应急处置方案时，应参考危险化学品 MSDS 的内容编制，确保应急处置原则和方法等各项内容符合危险化学品 MSDS 的要求。

现场危险化学品 MSDS 应齐全，并张贴或悬挂在醒目位置，做到与现场储存的危险化学品一一对应。储存场所设置危险化学品柜的应将危险化学品 MSDS 置于危险化学品柜外侧，便于取放和使用。在同一区域储存同一种危险化学品，可设置一份危险化学品 MSDS。企业应建立危险化学品 MSDS 现场检查、更新制度，确保现场使用的危险化学品 MSDS 保持完好、有效状态。

乙醇是航天电子领域应用范围最广、使用频率最高的化学品，在此对乙醇的 MSDS 16 部分的内容进行展示，引导企业索取正确的 MSDS 格式，相关人员可参考使用。

危险化学品安全技术说明书

第一部分　化学品名称

化学品中文名称：乙醇；酒精

化学品英文名称：Ethyl Alcohol；Ethanol

技术说明书编码：

CAS No.：64－17－5

分子式：C_2H_6O

分子量：46.07

第二部分　危险性概述

紧急情况概述：易燃液体，主要刺激人体神经系统，对皮肤、眼睛也有相应的刺激。

GHS 危险性类别：根据 GB 30000—2013 化学品分类和标签规范系列标准，该产品属于：

易燃液体类别 2

严重眼损伤/眼刺激类别 2A

GHS 标签要素：

象形图：GHS02；GHS07（见彩插）

警示词：危险

危险性说明：

H225 高度易燃液体和蒸气

H319 造成严重眼刺激

防范说明：

预防措施：密闭操作，全面通风。操作人员必须经过专门培训，严格遵守操作规程。建议操作人员佩戴过滤式防毒面具（半面罩），穿防静电工作服。远离火种、热源，工作场所严禁吸烟。使用防爆型的通风系统和设备。防止蒸气泄漏到工作场所空气中。避免与氧化剂、酸类、碱金属、胺类接触。灌装时应控制流速，且有接地装置，防止静电积聚。搬运时要轻装轻卸，防止损坏包装及容器。禁止使用易产生火花的机械设备和工具。配备相应品种和数量的消防器材及泄漏应急处理设备。

事故响应：火灾时使用抗溶性泡沫、二氧化碳、干粉、沙土灭火。

皮肤接触：脱去污染的衣物，用肥皂水和清水彻底冲洗皮肤。如有不适感，立即就医。

眼睛接触：提起眼睑，用流动清水或生理盐水冲洗。如有不适感，立即就医。

吸入：迅速脱离现场至空气新鲜处，保持呼吸道通畅。如呼吸困难，给输氧。若呼吸、心跳停止，立即进行心肺复苏术，进行就医。

食入：饮水，催吐。如有不适感，立即就医。

安全储存：远离火种、热源。库温不宜超过 29℃，保持容器密封。应与氧化剂、还原剂、碱类分开存放，切忌混储。采用防爆型照明、通风设施。

废弃处置：本品及容器的处置应遵循地方/国家法规规定。

物理和化学危害：易燃，其蒸气与空气可形成爆炸性混合物，遇明火、高热能引起燃烧爆炸。与氧化剂接触发生化学反应或引起燃烧。在火场中，受热的容器有爆炸危险。蒸气比空气重，沿地面扩散并易积存于低洼处，遇火源会着火回燃。

健康危害：本品为中枢神经系统抑制剂。首先引起兴奋，随后抑制。急性中毒主要见于过量饮酒者，职业中毒者少见。轻度中毒和中毒早期表现为兴奋、欣快、言语增多、颜面潮红或苍白、步态不稳、轻度动作不协调、判断力障碍、语无伦次、眼球震颤，甚至昏睡。重度中毒可出现昏迷、呼吸表浅或呈潮式呼吸，并可因呼吸麻痹或循环衰竭而死亡。吸入高浓度乙醇蒸气可出现酒醉感、头昏、乏力、兴奋和轻度的眼、上呼吸道黏膜刺激等症状，但一般不引起严重中毒。长期酗酒者可见面部毛细血管扩张、皮肤营养障碍、慢性胃炎、胃溃疡、肝炎、肝硬化、肝功能衰竭、心肌损害、肌病、多发性神经病等。皮肤长期反复接触乙醇液体，可引起局部干燥、脱屑、皲裂和皮炎。

环境危害：对环境可能有害。

第三部分　成分/组成信息

物质：	混合物	
危险组分	浓度或浓度范围	CAS No.
乙醇	≥99.50％	64—17—5

第四部分　急救措施

皮肤接触：脱去污染的衣物，用肥皂水和清水彻底冲洗皮肤。如有不适感，立即就医。

眼睛接触：提起眼睑，用流动清水或生理盐水冲洗。如有不适感，立即就医。

吸　　入：迅速脱离现场至空气新鲜处，并立即就医。

食　　入：饮足量温水，催吐，并立即就医。

第五部分　消防措施

危险特性：易燃，其蒸气与空气可形成爆炸性混合物，遇明火、高热能引起燃烧爆炸。与氧化剂接触发生化学反应或引起燃烧。在火场中，受热的容器有爆炸危险。蒸气比空气重，沿地面扩散并易积存于低洼处，遇火源会着火回燃。

有害燃烧产物：一氧化碳、二氧化碳。

灭火方法：用抗溶性泡沫、干粉、二氧化碳、沙土灭火。

灭火注意事项及措施：消防人员须佩戴防毒面具、穿全身消防服，在上风向灭火。尽可能将容器从火场移至空旷处。喷水保持火场容器冷却，直至灭火结束。

第六部分　泄漏应急处理

应急行动：迅速撤离泄漏污染区人员至安全区，并进行隔离，严格限制出入。切断火源。建议应急处理人员戴自给正压式呼吸器，穿消防防护服。不要直接接触泄漏物。尽可能切断泄漏源，防止进入下水道、排洪沟等限制性空间。少量泄漏：既可以用沙土或其他不燃材料吸附或吸收，也可以用大量水冲洗，洗液稀释后放入废水系统。大量泄漏：构筑围堤或挖坑收容；用泡沫覆盖，降低蒸气灾害；用防爆泵转移至槽车或专用收集器内；回收或运至废物处理场所处置。

第七部分　操作处置与储存

操作注意事项： 密闭操作，全面通风。操作人员必须经过专门培训，严格遵守操作规程。建议操作人员佩戴过滤式防毒面具（半面罩），穿防静电工作服。远离火种、热源，工作场所严禁吸烟。使用防爆型通风系统和设备。防止蒸气泄漏到工作场所空气中。避免与氧化剂、酸类、碱金属、胺类接触。灌装时应控制流速，且有接地装置，防止静电积聚。配备相应品种和数量的消防器材及泄漏应急处理设备。

储存注意事项： 储存于阴凉、通风的库房。远离火种、热源。库温不宜超过 37℃，保持容器密封。应与氧化剂、酸类、碱金属、胺类等分开存放，切忌混储。采用防爆型照明、通风设施。禁止使用易产生火花的机械设备和工具。储区应备有泄漏应急处理设备和合适的收容材料。

第八部分　接触控制/个体防护

接触限值：

MAC/(mg/m^3)：未制定标准

PC－TWA/(mg/m^3)：未制定标准

PC－STEL/(mg/m^3)：未制定标准

TLV－C/(mg/m^3)：未制定标准

TLV－TWA/(mg/m^3)：1000ppm

TLV－STEL/(mg/m^3)：未制定标准

监测方法：

现场监测方法： 便携式气相色谱法；实验室监测方法：气相色谱法。

工程控制： 生产过程密闭，全面通风。提供安全淋浴和洗眼设备。

呼吸系统防护： 一般不需要特殊防护，高浓度接触时可佩戴过滤式防毒面具（半面罩）。

眼睛防护： 一般不需特殊防护。

身体防护： 穿防静电工作服。

手防护： 戴一般作业防护手套。

其他防护： 工作现场严禁吸烟。

第九部分　理化特性

外观与性状： 无色液体，有酒香。

pH 值：无资料

熔点（℃）：－114.1

沸点/℃：78.3

相对密度（水＝1）：0.79

相对蒸气密度（空气＝1）：1.59

饱和蒸气压/kPa：5.8（20℃）

燃烧热/(kJ/mol)：1365.5

临界温度/℃：243.1

临界压力/MPa：6.38

辛醇/水分配系数：－0.32

闪点/℃：13

引燃温度/℃：363

爆炸下限（体积分数）：3.3%　　爆炸上限（体积分数）：19.0%

黏度：1.074cP（25℃）

溶解性：与水混溶，可混溶于醚、氯仿、甘油等多数有机溶剂。

主要用途：用于制酒工业、有机合成、消毒以及用作溶剂。

第十部分　稳定性和反应活性

稳定性：稳定。

禁配物：强氧化剂、酸类、酸酐、碱金属、胺类。

避免接触的条件：高温和远离火源。

聚合危害：不聚合。

分解产物：一氧化碳、二氧化碳。

第十一部分　毒理学资料

急性毒性：动物急性毒性主要作用于中枢神经系统，小剂量表现出神经兴奋，随摄入量增加依次出现兴奋抑制、运动失调、嗜睡、衰竭、无力、麻醉以至死亡。急性吸入病理损伤主要为呼吸道病变，如肺水肿、肺充血和支气管肺炎等。

LD_{50}：大鼠经口/(mg/kg)：7060　　小鼠经口/(mg/kg)：3450

兔经口/(mg/kg)：6300　　兔经皮/(mg/kg)：7430

LC_{50}：大鼠吸入/(mg/m^3)：20000×10^{-6}/10h

刺激性：

家兔经眼：500mg，重度刺激。家兔经皮开放性刺激试验：15mg/24h，轻度刺激。

亚急性与慢性毒性：大鼠经口10.2g/kg/天，12周，体重下降，脂肪肝。

致突变性：

微生物致突变：鼠伤寒沙门（氏）菌11 pph。显性致死试验：小鼠经口1～1.5g/kg/天，2周，阳性。细胞遗传学分析：人淋巴细胞2.5pph/24h。姐妹染色单体交换：人淋巴细胞500×10^{-6}/72h。DNA抑制：人淋巴细胞220mmol/L。微核试验：狗淋巴细胞，400μmol/L。

致畸性：猴孕后2～17周经口给予最低中毒剂量（TDL0）32400mg/kg，致中枢神经系统和颅面部（包括鼻、舌）发育畸形。大鼠、小鼠、豚鼠、家畜孕后不同时间经口、静脉内、腹腔内途径给予不同剂量，致中枢神经系统、泌尿生殖系统、内分泌系统、肝胆管系统、呼吸系统、颅面部（包括鼻、舌）、眼、耳发育畸形。雄性大鼠交配前30天经口给予240g/kg，致泌尿、生殖系统发育畸形。

致癌性：

IARC致癌性评论：对动物致癌性证据有限。

其他：
小鼠腹腔最低中毒剂量（TDL0）：7.5g/kg（孕 9 天），致畸阳性。

第十二部分　生态学资料

生态毒性：
半数致死浓度 LC_{50}：13480mg/L/96h（鱼）
半数抑制浓度 IC_{50}：1450mg/L/72h（藻类）
生物降解性：
BOD5：63%
土壤半衰期——高（小时）：24
土壤半衰期——低（小时）：2.6
空气半衰期——高（小时）：122
空气半衰期——低（小时）：12.2
地表水半衰期——高（小时）：26
地表水半衰期——低（小时）：6.5
地下水半衰期——高（小时）：52
地下水半衰期——低（小时）：13
水相生物降解－好氧——高（小时）：26
水相生物降解－好氧——低（小时）：6.5
水相生物降解－厌氧——高（小时）：104
水相生物降解－厌氧——低（小时）：26
水相生物降解－二次沉降处理——高（小时）：67%
非生物降解性：
水中光氧化半衰期——高（小时）：3.20E+05
水中光氧化半衰期——低（小时）：8020
空气中光氧化半衰期——高（小时）：122
空气中光氧化半衰期——低（小时）：12.2
其他有害作用：该物质对环境可能有危害，对水体应给予特别注意。

第十三部分　废弃处置

废弃物性质：危险废物。
废弃处置方法：建议用焚烧法处置。
废弃注意事项：处置前应参阅国家和地方有关法规。

第十四部分　运输信息

危险货物编号：32061

UN 编号： 1170

包装类别： Ⅱ类包装

包装标志： 易燃液体

包装方法： 小开口钢桶；小开口铝桶；安瓿瓶外普通木箱；螺纹口玻璃瓶、铁盖压口玻璃瓶、塑料瓶或金属桶（罐）外普通木箱。

运输注意事项： 本品铁路运输时限使用钢制企业自备罐车装运，装运前需报有关部门批准。运输时运输车辆应配备相应品种和数量的消防器材及泄漏应急处理设备。夏季最好早晚运输。运输时所用的槽（罐）车应有接地链，槽内可设孔隔板，以减少振荡产生静电。严禁与氧化剂、酸类、碱金属、胺类、食用化学品等混装混运。运输途中应防暴晒、雨淋、高温。中途停留时应远离火种、热源、高温区。装运该物品的车辆排气管必须配备阻火装置，禁止使用易产生火花的机械设备和工具装卸。公路运输时要按规定路线行驶，勿在居民区和人口稠密区停留。铁路运输时禁止溜放。严禁用木船、水泥船散装运输。

第十五部分　法规信息

下列法律、法规、规章和标准，针对危险化学品的安全生产、使用、储存、经营、运输和废弃等做了相应规定：《中华人民共和国安全生产法》、《中华人民共和国职业病防治法》、《中华人民共和国环境保护法》、《危险化学品安全管理条例》、《工作场所安全使用化学品规定》、《使用有毒物品作业场所劳动保护条例》、《化学品分类和标签规范》（GB 30000—2013）、《化学品分类和危险性公示 通则》（GB 13690—2009）、《常用化学危险品贮存通则》（GB 15603—1995）、《工作场所有害因素职业接触限值》（GBZ2）、《危险化学品名录》。

第十六部分　其他信息

本份 MSDS 只是基于航天电子系统各单位当前的危险化学品使用情况而编制的。这些信息提供给各单位，以供参考和日常管理、使用，其中，一些危害预防措施并非是唯一的。各单位仍需与实际供应商沟通、获取现行有效的危险化学品信息，并根据危险化学品实际使用情况制定针对性的防范措施。

MSDS 完成日期：　　年　　月　　日

1.4.2　化学品安全标签

化学品安全标签是由生产企业在货物出厂粘贴、挂拴、印刷在产品包装上的一种标签，是传递安全信息的一种载体，它用简单明了、易于理解的文字、图形表达有关化学品的部分特性及其安全处置的注意事项，提醒作业人员进行安全操作和处置，如图 1 - 4 所示。

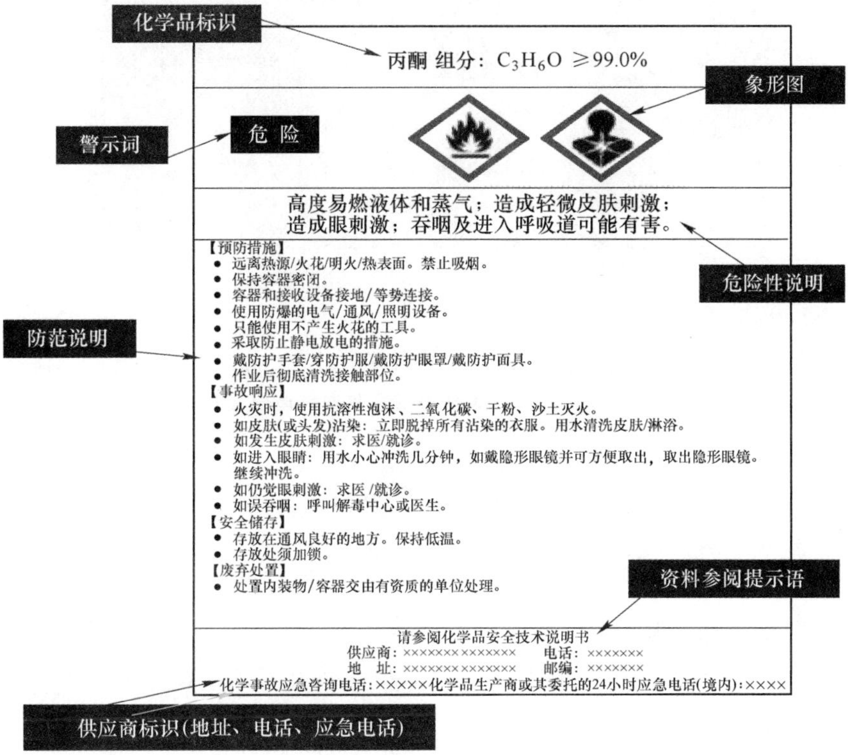

图 1-4　化学品安全标签示例（见彩插）

1.4.2.1　主要内容

化学品安全标签的主要内容包括：

1）化学品标识（化学名称或通用名）。

2）象形图（国标标志图形）。

3）警示词（危险、警告）。

4）危险性说明（概述化学品的危险特性）。

5）防范说明（注意事项和救护措施）。

6）供应商标识（地址、电话、应急电话等）。

7）资料参阅提示语（提示）。

1.4.2.2　使用与管理

安全标签应由生产企业在出厂前粘贴、挂拴或喷印，企业如自行采购使用安全标签，应在采购前对安全标签的内容和格式等进行确认，确保其符合《化学品安全标签编写规定》（GB 15258—2009）及《化学品分类和危险性公示 通则》（GB 13690—2009）的有关规定。

化学品安全标签应粘贴、挂拴、喷印在化学品包装或容器的明显位置。对于多层包装的产品，内外包装均应加贴（挂）安全标签。产品外包装为透明物，内包装的安全标签可清楚地通过外包装观察的，外包装可不单独张贴安全标签。样例如图 1-5 所示。

图 1-5　化学品安全标签位置样例

安全标签的张贴或宣贯的具体位置规定见表 1-2。

表 1-2　安全标签的张贴或宣贯的具体位置规定

1	桶形、瓶形包装	位于桶、瓶侧身
2	箱状包装	位于端面或侧面明显处
3	袋、捆包装	位于包装明显处
4	集装箱、成组货物	位于 4 个侧面

在使用安全标签的过程中，应注意以下事项：

1）标签的张贴、挂拴和喷印应牢固，确保在产品使用、分发、储存和运输过程中不脱落、不损坏。

2）在采购危险化学品的过程中，应主动要求供应企业提供并按要求张贴、挂拴、喷印符合要求的安全标签。如在使用过程中需进行分装、改装，应重新张贴、挂拴和喷印安全标签。

3）盛装危险化学品的容器，包括盛装危险化学品废弃物的容器或包装，在经过处理并确认其危险性完全消除后，方可撕下安全标签，否则应保持安全标签完好。

下面以使用量较大的乙醇为例，展示安全标签的主要内容，简易安全标签如图 1-6 所示，安全标签如图 1-7 所示，供读者参考。

图 1-6　危险化学品简易安全标签（见彩插）

乙醇 $C_2H_6O \geq 99.50\%$

高度易燃液体和蒸气；造成严重眼刺激

【预防措施】

1）远离热源/火花/明火/热表面。禁止吸烟。

2）保持容器密闭。

3）容器和接收设备接地/等势连接。

4）使用防爆的电气/通风/照明设备。

5）只能使用不产生火花的工具。

6）采取防止静电放电的措施。

7）戴防护手套/穿防护服/戴防护眼罩/戴防护面具。

8）作业后彻底清洗接触部位。

【事故响应】

1）火灾时，使用抗溶性泡沫、二氧化碳、干粉、沙土灭火。

2）如皮肤(或头发)沾染：立即脱掉所有沾染的衣服。用水清洗皮肤/淋浴。

3）如进入眼睛：用水小心冲洗几分钟。如戴隐形眼镜并可方便取出，取出隐形眼镜，继续冲洗。如仍觉眼刺激：求医/就诊。

【安全储存】

存放在通风良好的地方。保持低温。

【废弃处置】

处置内装物/容器交由有资质的单位处理。

请参阅化学品安全技术说明书

供应商：××××××××××××××　电话：×××××××

地址：××××××××××××××　邮编：×××××××

化学事故应急咨询电话：×××××××　化学品生产商或其委托的24h应急电话(境内)：×××××××

图 1－7　危险化学品安全标签（见彩插）

1.5 航天电子常用危险化学品基本情况

1.5.1 航天电子常用危险化学品主要类别

据不完全统计，航天电子常用的危险化学品有150余项。其中，涉及易燃液体、腐蚀品、毒害品、氧化剂等液体化学品80余项，涉及氨气、氦气等压缩气体及二甲苯等易燃易爆气体50余项。易产生的危害因素包括火灾、爆炸、中毒、窒息、化学灼伤等。

1.5.2 航天电子常用危险化学品典型应用环节

航天电子产品在生产过程中大量使用危险化学品，从生产过程看，主要用于精密零组件制造过程中的热处理、焊接、清洗、胶接工艺；精密光机电产品制造过程中的玻璃烧结、化学加工、电镀、薄膜制备、放射性试验等特种工艺；微电子制造过程中的芯片制备、印制板制备工艺，电子装联过程中的焊接、防护与加固、浸涂、清洗等工艺过程。

1.5.2.1 精密零组件制造

精密零组件制造过程中为提高精密、超精密加工精度和精密装配精度，在热处理、焊接、清洗、胶接等精密制造过程中广泛使用各类气体、液体和配方胶。

（1）精密零件热处理过程中使用的保护气体

为了提高精密金属零件的结构稳定性，提升精密机电产品铁磁性、耐蚀性，通常在零件加工过程中增加热处理工艺，如图1-8所示。金属加热过程中工件暴露在空气中常常发生氧化、脱碳，这对于热处理后零件的表面性能有很大影响。因此，金属通常在可控气氛或保护气氛、熔融盐和真空中加热。保护气氛通常使用氮气作为保护气体，必要时也会使用氢气。由于高强度钢易发生氢脆，因此氢气主要用于有色金属的防氧化。

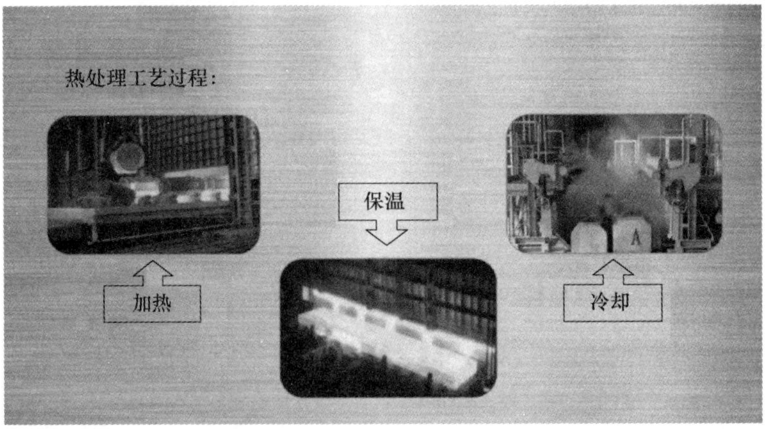

图1-8 金属热处理工艺

（2）精密零件清洗过程中使用的清洗剂

随着国防工业技术的快速发展，对精密机电产品的性能要求持续提高。异型结构零部件多样化，面型精度与表面质量高精度化，导致精密零件制造精度不断提高，必须采取措施去除零件表面残余物，提高零件尺寸精度和装配精度。因此，在生产过程中广泛使用乙醇、丙酮、航空燃油、氢氧化钠等物料进行清洗。

（3）精密零组件微装配过程中使用的粘接剂

胶粘接技术是微装配技术中区别于焊接、螺纹连接的另一种连接方式，用于金属结构、金属与塑料、金属与橡胶、蜂窝夹层结构与壁板等粘接，逐步代替部分铆钉、螺栓、焊接，具有结构重量轻、表面光滑、应力集中小、密封性好等优点。

航天电子制造过程中广泛使用环氧树脂胶等粘接剂。对于热不匹配的两种材料连接，由于粘接剂的弹性，使之在环境改变时仍能保持各零件之间的连接精度。随着胶粘接技术在微装配领域的应用越来越广泛，对胶粘接设备精度、一致性、粘接质量等方面的要求也越来越高。航天器的电子元器件也广泛采用了改性环氧树脂粘接剂粘接或灌封。

1.5.2.2　精密光机电产品制造

由于航天电子应用的精密光机电产品多以复合材料加工制造，空间环境的特殊性和使用过程中的高可靠性要求，对力学性能、光学性能、电磁性能等提出了较高的要求，零部件加工、装配精度普遍达到亚微米级，因此，制造过程中需采用特殊工艺过程达到加工制造的要求。

（1）化学加工中使用的腐蚀性液体

腐蚀性液体用于零件腐蚀性加工。如石英挠性加速度计（图 1－9）制造中，石英制成的石英摆片是石英挠性加速度计中的核心敏感元件，其形状复杂，几何尺寸精度和表面质量要求很高，而且石英是一种硬脆材料，具有低塑性、易碎性和易产生微裂纹等缺点，使得石英摆片采用传统的金属加工方法很难进行加工。针对这些问题，通常采用化学腐蚀的方法实现摆片悬臂梁的加工成型。常用的腐蚀溶液为氢氟酸。

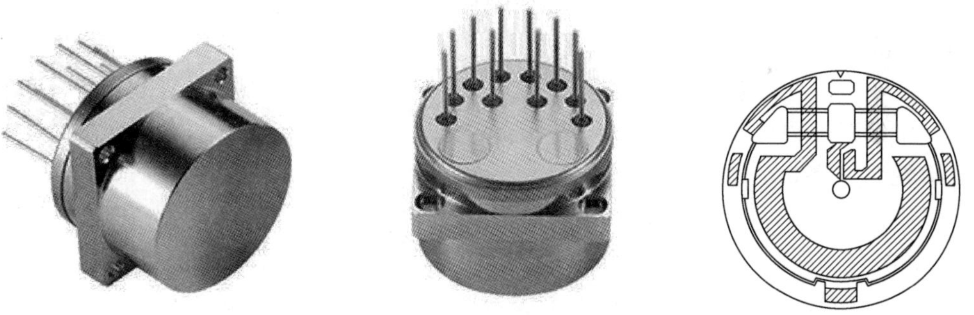

图 1－9　石英挠性加速度计和石英摆片

（2）电镀过程中使用的络合剂

电镀工艺是航天电子产品中应用最广泛的工艺，从芯片上的大马士革铜互连电镀技术，封装中电极凸点电镀技术，引线框架的电镀表面处理到印制电路板、接插件等各种功能电镀（图 1－10），甚至在微机电（MEMS）、微传感器等微器件的制造中，电镀工艺不断地发展。航天电子电镀常使用氰化钾、氰化金钾、氰化亚金钾、氰化钠、氰化亚铜、氰化银钾作为电镀络合剂。

1.5.2.3　微电子制造和电子装联

微电子制造是目前电子装配制造技术中发展速度最快、最为典型的制造技术。在微电子制造过程中需在半导体材料芯片上采用微米级加工工艺制造微小型化电子元器件和微型

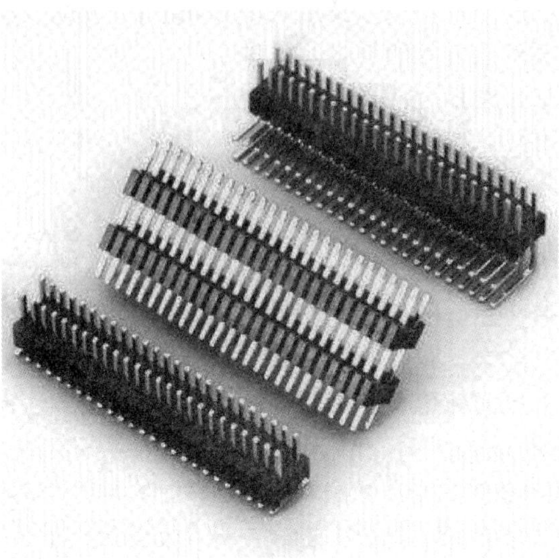

图 1-10　镀金元器件

化电路。在硅片制备、芯片制造等环节大量使用危险化学品完成清洗、成膜、光刻、刻蚀和掺杂等步骤。

(1) 集成电路清洗应用的清洗剂

由于集成电路内各元件及连线相当微细，因此在制造过程中如果遇到尘粒和金属的污染，很容易造成晶片（图 1-11）内电路功能的损坏，形成短路或断路等，导致集成电路的失效，影响几何特征的形成。因此，在制备过程中需要进行湿法或干法清洗工作。目前，主要以湿法清洗为主。湿法清洗采用液体化学溶剂和超纯水（也叫 DI 水）氧化、蚀刻和溶解晶片表面污染物、有机物及金属离子污染物。其中，RCA 清洗法依靠溶剂、酸、表面活性剂和水，在不破坏晶元表面特征的情况下通过喷射、净化、氧化等去除表面污染物、有机物、金属离子污染物。每次使用化学品后都要在超纯水中彻底清洗。常用的清洗溶剂如下：

1) 以含有 $NH_4OH:H_2O_2:H_2O$ 混合液的清洗液氧化和微蚀刻，去除表面颗粒。

2) 以含有 $H_2O_2:H_2O$ 混合液溶解金属离子和铝、铁及镁氢氧化物。

3) 以含硫酸、过氧化氢、去离子水混合液去除有机污染物。

4) 超纯水用于清洗经化学清洗后的晶圆。

图 1-11　晶片

(2) 芯片刻蚀工艺中使用的危险化学品

芯片刻蚀工艺分为干法刻蚀和湿法刻蚀（图 1-12），湿法刻蚀是化学反应过程，是指利用溶液与预刻蚀材料之间的化学反应来去除未被掩蔽膜材料掩蔽的部分而达到刻蚀的目的。湿法刻蚀在半导体工艺中有着广泛的应用，如磨片、抛光、清洗、腐蚀等。湿法刻蚀腐蚀液主要是由 HF、NH_4F、H_2O 按一定比例配成的缓冲液。

图 1-12　湿法刻蚀

(3) 印制板焊接中使用的危险化学品

在印制板焊接作业（图 1-13）中采用松香水作为助焊剂，是稀释调和颜料的溶剂，主要用来帮助焊接，焊锡能力非常强，抗氧化能力好，可以除掉氧化物，使焊材表面清洁无瑕，提高润滑性。

图 1-13　印制板焊接作业

(4) 防护与加固

在印制板制造过程中，为了保护电路及其相关设备免受环境的侵蚀，常常在表面喷涂一层三防漆（图 1-14），可以起到绝缘、防潮、防漏电、防震、防尘、防腐蚀、防老化和耐电晕等作用。

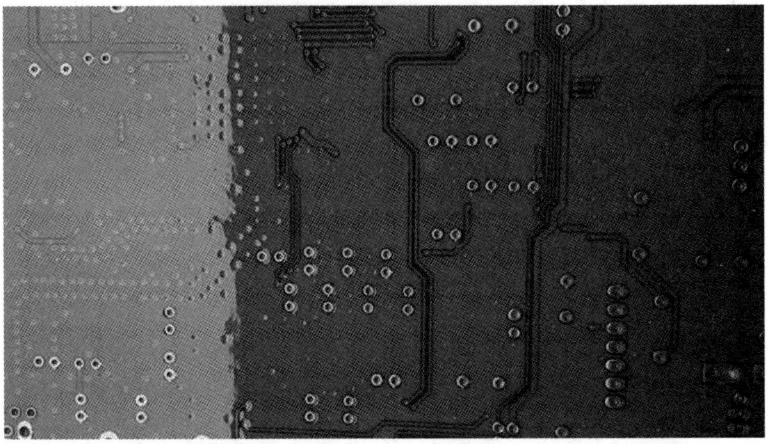

图 1-14　喷涂三防漆的印制板

除上述工艺过程外，金属焊接和玻璃烧结过程中使用的可燃气体和助燃气体、碳化硅薄膜制备过程中应用的化学品、电子产品和机电产品浸涂过程中使用的绝缘漆、放射性实验中使用的铯-137 放射性元素均为危险化学品。由于在各通用领域和专用领域有详细介绍，在此不一一赘述。

航天电子产品典型工艺过程中使用的危险化学品见表 1-3。

表 1-3　航天电子产品典型工艺过程中使用的危险化学品

序号	涉及工艺过程	主要危险化学品
1	金属成型过程中的热处理	氢气、氮气
2	金属焊接	乙炔、氧气
3	零组件精密装配过程的胶接	环氧树脂胶
4	玻璃烧结	氧气
5	化学加工	硝酸、氢氟酸
6	电镀	硫酸、盐酸、硝酸、氰化钾、氰化金钾、氰化亚金钾、氰化钠、硼酸、氰化亚铜、氰化银钾
7	薄膜制备（碳化硅薄膜生长、化学气相沉积）	氨气、硅烷、一氧化二氮、氩气、二氯二氢硅、乙炔、氧气
8	涂覆	各种漆料
9	浸涂	甲苯、二甲苯（印制电路板组装件敷形涂敷）、氨基漆稀释剂
10	芯片制造过程中的刻蚀	硫酸、盐酸、硝酸、氢氟酸、氟化铵、氢氧化钾（硅片清洗）、过氧化氢、氨水、三氯乙烯、四甲基氢氧化铵、八氟环丁烷、三氟甲烷、六氟化硫
11	半导体热工艺中的氧化扩散	氧气、氢气、氮气
12	印制板制造中的元器件焊接	松香水、醋酸异戊酯（稀释剂）

（续）

序号	涉及工艺过程	主要危险化学品
13	印制板防护与加固	聚氨酯清漆、氨基烘干绝缘漆
14	金属零件清洗	乙醇、硫酸、航空汽油、丙酮、盐酸、硝酸、二甲苯、氢氟酸、氢氧化钠（清洗油脂）、煤油
15	电子元件清洗	乙醇、丙酮、二甲苯
16	环境试验	铯-137

第 2 章　危险化学品相关法规及标准要求

本章围绕航天电子行业常用危险化学品的管理环节，以危险化学品生产、储存、经营、运输、使用、废弃处置为主线，梳理出危险化学品管理全过程应遵守的法律法规及标准要求，为各企业危险化学品管理体系的建设和完善提供参考。

2.1　危险化学品管理的基本要求

2.1.1　一般要求

国家对危险化学品实施目录管理制度。危险化学品分类及名录详见《危险化学品目录》(2015 版)，易制爆危险化学品名录详见《易制爆危险化学品名录》(2017 版)，高毒危险化学品名录详见《高毒物品目录》(2003 版)，易制毒化学品名录详见《易制毒化学品管理条例》(国务院令第 703 号) 附表——《易制毒化学品的分类和品种目录》。

国家对易制毒化学品的生产、经营、购买、运输和进口、出口实行分类管理和许可制度。具体要求参照《易制毒化学品管理条例》(国务院令第 703 号)。

危险化学品在生产、储存、经营、运输、使用、废弃物处置等过程的安全管理，及预防和减少危险化学品事故的要求，可遵照《危险化学品安全管理条例》(国务院令第 645 号) 执行。日常管理过程可参考《常用化学危险品贮存通则》(GB 15603—1995) 的要求。

2.1.2　危险化学品建设项目

危险化学品单位新、改、扩等建设项目应依法接受政府部门的安全审查和验收。建设单位应当对危险化学品的新、改、扩等建设项目进行安全条件论证，委托具备相应资质条件的机构对建设项目进行安全评价。具体要求参照《危险化学品建设项目安全监督管理办法》(原安监总局令第 45 号)。

2.1.3　危险化学品登记与评估

从事危险化学品的生产、储存、经营、使用的单位应开展危险化学品重大危险源的辨识、评估、登记建档、备案及监督管理工作。具体要求参照《危险化学品重大危险源监督管理暂行规定》(原安监总局令第 40 号)。按照《危险化学品重大危险源辨识》(GB 18218—2018) 对危险化学品建设项目或现状等进行危险源评审，构成重大危险源的，应依据相关要求进行管理。

危险化学品单位应全面识别生产经营全过程的安全风险，组织开展评估诊断，实施分级管控。具体要求参照《危险化学品生产储存企业安全风险评估诊断分级指南（试行）》

(应急厅〔2018〕19 号)。

2.1.4　危险化学品应急救援

危险化学品单位应编制危险化学品事故应急预案，配备应急救援人员和必要的应急救援器材及设施，定期组织应急救援演练。具体要求参照《生产安全事故应急预案管理办法》(应急部〔2019〕2 号令修改)、《危险化学品企业生产安全事故应急准备指南》(应急厅〔2019〕62 号)、《生产经营单位生产安全事故应急预案编制导则》(GB/T 29639—2020)、《危险化学品单位应急救援物资配备要求》(GB 30077—2013) 等。

因发生危险化学品事故，导致他人人身伤害或者财产损失的单位，应依法承担赔偿责任，对于相关责任人员按相关规定进行处罚。具体要求参照《危险化学品安全管理条例》(国务院令第 645 号)、《生产安全事故报告和调查处理条例》(国务院令第 493 号) 等。

2.1.5　危险化学品相关法规要求获取途径及培训要求

危险化学品单位应重视危险化学品相关项目建设、生产储存、采购运输、工艺使用、废弃处理等环节，通过政府网站、国家法律法规数据库、标准库、行业平台等渠道，及时识别、收集、宣贯相关法律法规和标准要求，将相关要求落实到单位制度中。

危险化学品相关作业人员应经专门培训考核，持证上岗。单位应每年对危险化学品从业人员开展相关专业知识培训考核，并对培训效果进行评估，保证危险化学品管理和作业人员能够了解危险化学品相关要求，熟悉危险化学品的危险特性、主要危害，掌握基本的职业防护要求和应急处置措施等。

2.2　危险化学品生产

危险化学品生产企业应取得危险化学品安全生产许可证，方可进行生产。相关要求参照《安全生产许可证条例》(国务院令第 397 号)、《危险化学品生产企业安全生产许可证实施办法》(原安监总局令第 41 号令)。

危险化学品生产企业在生产过程中涉及动火、受限空间、高处作业、吊装等特殊作业的安全要求，具体参照《危险化学品企业特殊作业安全规范》(GB 30871—2022) 要求。

危险化学品生产企业应提供与其生产的危险化学品相符的危险化学品安全技术说明书，并在危险化学品包装 (包括外包装件) 上粘贴或者挂拴与包装内危险化学品相符的化学品安全标签。具体参照《化学品安全技术说明书编写指南》(GB/T 17519—2013)、《化学品安全标签编写规定》(GB 15258—2009)、《化学品分类和标签规范》(GB 30000—2013) 等。

2.3　危险化学品储存

生产、储存危险化学品的单位，应当根据其生产、储存的危险化学品的种类和危险特性，在作业场所设置相应的监测、监控、通风、防晒、调温、防火、灭火、防爆、泄压、防毒、中和、防潮、防雷、防静电、防腐、防泄漏以及防护围堤或者隔离操作等安全设施、设备，按照相关规定对安全设备、设施进行经常性维护、保养，设置通信、报警装置，并保证处于适用状态。具体要求参照《危险化学品安全管理条例》（国务院令第 645 号）。

储存危险化学品的专用仓库应规范管理，明确储存方式、储存要求、存储量等具体要求。具体参照《常用化学危险品贮存通则》（GB 15603—1995）等。

易燃易爆化学品在储存过程中，根据化学品理化性质、灭火方法等进行严格的分区分类，分库存放。具体参照《常用化学危险品贮存通则》（GB 15603—1995）、《易燃易爆性商品储存养护技术条件》（GB 17914—2013）、《腐蚀性商品储存养护技术条件》（GB 17915—2013）、《毒害性商品储存养护技术条件》（GB 17916—2013）等。

储存危险化学品场所及相关基础设施，电气、防雷设施应满足相关标准规定。具体参照《建筑设计防火规范》（GB 50016—2014）、《爆炸危险环境电力装置设计规范》（GB 50058—2014）、《建筑物防雷设计规范》（GB 50057—2010）等。

储存可燃或有毒危险化学品场所应设置火灾自动报警系统、可燃/有毒气体检测报警装置等。具体参照《火灾自动报警系统设计规范》（GB 50116—2013）、《石油化工可燃气体和有毒气体检测报警设计标准》（GB/T 50493—2019）。

危险化学品场所灭火器的配置应符合相关标准规定。具体参照《建筑灭火器配置设计规范》（GB 50140—2005）。

化学品储存场所应落实消防职责，完善防火要求，加强现场管理。具体参照《仓库防火安全管理规则》（公安部令第 6 号）、《仓储场所消防安全管理通则》（XF 1131—2014）等。

2.4 危险化学品经营

危险化学品经营实行许可制度，从事危险化学品经营的企业应具备相应条件。具体要求参照《危险化学品经营许可证管理办法》（原安监总局第 45 号令）。

从事剧毒化学品、易制爆危险化学品经营的企业，应依法取得相应许可证。具体管理要求参照《危险化学品安全管理条例》（国务院令 591 号，国务院令 645 号修订）。

2.5 危险化学品运输

危险化学品运输单位应依照有关道路/水路运输法律法规规定，取得运输许可，并向工商行政部门办理登记手续。危险化学品道路/水路运输企业应当配备专职安全管理人员。具体参照《危险货物道路运输安全管理办法》（交通运输部令第 29 号）、《道路危险货物运输管理规定》（交通运输部令第 2 号）（2019 年修正）。

2.6 危险化学品使用

使用危险化学品从事生产并且使用量达到规定数量的化工企业，应按规定取得危险化学品安全使用许可证。具体参照《危险化学品安全使用许可证实施办法》（原安监总局令

57 号）。

危险化学品使用单位须履行相关职责要求。具体参照《工作场所安全使用化学品规定》（劳部发第 423 号）。

危险化学品使用单位须采用有效的职业病防护设施，为劳动者提供符合标准要求的职业病防护用品，并经常性进行维护、检修，定期检测其性能和效果，确保其处于正常状态，不得擅自拆除或停止使用。具体参照《中华人民共和国职业病防治法》（主席令第 24 号）。

危险化学品使用单位应加强职业病防治工作，做好职业卫生管理和现场监测工作。具体参照《工作场所职业卫生管理规定》（国家卫健委令第 5 号）、《职业病危害因素分类目录》（国卫疾控发第 92 号）、《工作场所有害因素职业接触限值 第 1 部分：化学有害因素》（GBZ 2.1—2019）。

危险化学品使用单位应采取预防控制措施，开展人员职业健康监护，避免劳动者在职业活动过程中因过度接触化学有害因素而导致不良健康效应。具体参照《职业病分类和目录》（国卫疾控发第 48 号）、《用人单位职业病防治指南》（GBZ/T 225—2010）、《职业健康监护技术规范》（GBZ 188—2014）。

使用有毒物品单位的作业场所应符合职业病防治法规定的职业卫生要求，使用条件（包括工艺）应当符合法律法规和标准要求。具体参照《使用有毒物品作业场所劳动保护条例》（国务院令第 352 号）。

使用气瓶的单位，应加强气瓶充装使用等环节的安全管理，完善气瓶检验和运输等要求，具体参照《气瓶安全技术规程》（TSG 23—2021）。

使用危险化学品的单位应在作业场所设置明显的职业病危害警示标志、安全警示标志、消防安全标志等。具体参照《工作场所职业病危害警示标识》（GBZ 158—2003）、《安全标志及其使用导则》（GB 2894—2008）、《消防安全标志设置要求》（GB 15630—1995）。

使用危险化学品的单位，应给员工配备 合格的个体防护装备，做好个体防护，减轻事故灾害。具体参照《个体防护装备配备规范 第 1 部分：总则》（GB 39800.1—2020）。

航天电子行业特种气体站设计及相关使用要求，具体参照《特种气体系统工程技术标准》（GB 50646—2020）。涉及易燃溶剂清洗作业、涂装作业、酸碱油盐槽及电镀槽、制气转供站、危险化学品存储设施、航天用铝粉生产使用等危险化学品使用的企业，应持续开展安全生产标准化考评建设，具体要求参照《航天工业安全生产标准化考核评分细则 第 7 部分：危险化学品和航天材料》（QJ 20827.7—2018）。

2.7　危险废物处置

危险化学品单位应建立废弃危险化学品管理制度，加强储存现场管理，采取有效的风险防控措施。具体参照《国家危险废物名录》（2021 年版）、《危险废物鉴别标准 腐蚀性鉴别》（GB 5085.1—2007）、《危险废物鉴别标准 易燃性鉴别》（GB 5085.4—2007）、《废弃固体化学品分类规范》（GB/T 31857—2015）、《废弃液体化学品分类规范》（GB/T 36381—2018）。

航天电子常用危险化学品相关法律法规、标准见表 2－1。如有新的法律法规颁布、修订，或标准规范更新、调整，以最新版本为准。

表 2－1 航天电子常用危险化学品相关法律法规、标准

序号	类别	名　　称	文件号/标准号
1	法律	《中华人民共和国安全生产法》	第十三届全国人民代表大会常务委员会第二十九次会议修正
2	法律	《中华人民共和国职业病防治法》	第十三届全国人民代表大会常务委员会第七次会议修正
3	法规	《危险化学品安全管理条例》	国务院令〔2016〕645 号修订
4	法规	《易制毒化学品管理条例》	国务院令〔2018〕703 号修订
5	法规	《生产安全事故报告和调查处理条例》	国务院令〔2007〕493 号
6	法规	《使用有毒物品作业场所劳动保护条例》	国务院令〔2002〕352 号
7	法规	《安全生产许可证条例》	国务院令〔2014〕653 号
8	部门规章	《危险化学品环境管理登记办法（试行）》	环境保护部令〔2012〕22 号
9	部门规章	《重点环境管理危险化学品目录》	环境保护部办公厅〔2014〕33 号
10	部门规章	《易制爆危险化学品治安管理办法》	公安部令〔2019〕54 号
11	部门规章	《〈中华人民共和国监控化学品管理条例〉实施细则》	工业和信息化部令〔2018〕48 号
12	部门规章	《危险化学品生产储存企业安全风险评估诊断分级指南（试行）》	应急部令〔2018〕19 号
13	部门规章	《工作场所安全使用化学品规定》	劳部发〔1996〕423 号
14	部门规章	《危险化学品重大危险源监督管理暂行规定》	国家安全生产监督管理总局令〔2015〕79 号修改
15	部门规章	《危险化学品登记管理办法》	国家安全生产监督管理总局令〔2012〕53 号
16	部门规章	《危险化学品安全使用许可证实施办法》	国家安全生产监督管理总局令〔2012〕57 号
17	部门规章	《化学品物理危险性鉴定与分类管理办法》	国家安全生产监督管理总局令〔2013〕60 号
18	部门规章	《生产安全事故应急预案管理办法》	应急部令〔2019〕2 号修改
19	部门规章	《工作场所职业卫生管理规定》	国家卫健委令第 5 号
20	部门规章	《职业病危害因素分类目录》	国卫疾控发〔2015〕92 号
21	部门规章	《职业病分类和目录》	国卫疾控发〔2013〕48 号
22	部门规章	《建设项目职业病危害风险分类管理目录》	国卫办职健发〔2021〕5 号

（续）

序号	类别	名　称	文件号/标准号
23	部门规章	《国家危险废物名录》（2021 年版）	生态环境部令〔2020〕15 号
24	部门规章	《危险化学品目录》（2015 版）	国家安全生产监督管理总局等十部门〔2015〕5 号
25	部门规章	《危险化学品目录实施指南（试行）》	安监总厅管三〔2015〕80 号
26	部门规章	《高毒物品目录》（2003 年版）	卫法监发〔2003〕142 号
27	部门规章	《易制爆危险化学品名录》（2017 年版）	公安部 2017 年公告
28	规范性文件	《国务院办公厅关于同意将 α－苯乙酰乙酸甲酯等 6 种物质列入易制毒化学品品种目录的函》	国办函〔2021〕58 号
29	国家标准	《危险货物包装标志》	GB 190—2009
30	国家标准	《安全标志及其使用导则》	GB 2894—2008
31	国家标准	《安全色》	GB 2893—2008
32	国家标准	《爆炸性环境 第 15 部分：电气装置的设计、选型和安装》	GB/T 3836.15—2017
33	国家标准	《危险废物鉴别标准 腐蚀性鉴别》	GB 5085.1—2007
34	国家标准	《危险废物鉴别标准 易燃性鉴别》	GB 5085.4—2007
35	国家标准	《涂装作业安全规程 涂漆工艺安全及其通风净化》	GB 6514—2008
36	国家标准	《危险货物分类和品名编号》	GB 6944—2012
37	国家标准	《危险货物品名表》	GB 12268—2012
38	国家标准	《消防安全标志 第 1 部分：标志》	GB 13495.1—2015
39	国家标准	《化学品分类和危险性公示 通则》	GB 13690—2009
40	国家标准	《消防安全标志设置要求》	GB 15630—1995
41	国家标准	《化学品安全标签编写规定》	GB 15258—2009
42	国家标准	《粉尘防爆安全规程》	GB 15577—2018
43	国家标准	《常用化学危险品贮存通则》	GB 15603—1995
44	国家标准	《易燃易爆性商品储存养护技术条件》	GB 17914—2013
45	国家标准	《腐蚀性商品储存养护技术条件》	GB 17915—2013
46	国家标准	《毒害性商品储存养护技术条件》	GB 17916—2013
47	国家标准	《危险化学品重大危险源辨识》	GB 18218—2018
48	国家标准	《化学品分类和标签规范》	GB 30000—2013
49	国家标准	《危险化学品单位应急救援物资配备要求》	GB 30077—2013
50	国家标准	《危险化学品企业特殊作业安全规范》	GB 30871—2022
51	国家标准	《建筑设计防火规范》（2018 年版）	GB 50016—2014
52	国家标准	《氧气站设计规范》	GB 50030—2013
53	国家标准	《建筑物防雷设计规范》	GB 50057—2010

（续）

序号	类别	名　　称	文件号/标准号
54	国家标准	《爆炸危险环境电力装置设计规范》	GB 50058—2014
55	国家标准	《石油库设计规范》	GB 50074—2014
56	国家标准	《建筑灭火器配置设计规范》	GB 50140—2005
57	国家标准	《火灾自动报警系统设计规范》	GB 50116—2013
58	国家标准	《氢气站设计规范》	GB 50177—2005
59	国家标准	《个体防护装备配备规范 第1部分：总则》	GB 39800.1—2020
60	国家标准	《特种气体系统工程技术标准》	GB 50646—2020
61	国家标准	《图形符号 安全色和安全标志》	GB/T 2893.1～2893.5
62	国家标准	《火灾分类》	GB/T 4968—2008
63	国家标准	《石油化工可燃气体和有毒气体检测报警设计标准》	GB/T 50493—2019
64	国家标准	《生产经营单位生产安全事故应急预案编制导则》	GB/T 29639—2020
65	国家标准	《工作场所有害因素职业接触限值 第1部分：化学有害因素》	GBZ 2.1—2019
66	国家标准	《工作场所职业病危害警示标识》	GBZ 158—2003
67	国家标准	《职业健康监护技术规范》	GBZ 188—2014
68	国家标准	《用人单位职业病防治指南》	GBZ/T 225—2010
69	国家标准	《工作场所有毒气体检测报警装置设置规范》	GBZ/T 223—2009
70	国家标准	《易燃易爆危险点分级管理要求》	GJB 6219—2008
71	行业标准	《气瓶安全技术规程》	TSG 23—2021
72	行业标准	《危险化学品事故应急救援指挥导则》	AQ/T 3052—2015
73	行业标准	《航天工业安全生产标准化考核评分细则 第7部分：危险化学品和航天材料》	QJ 20827.7—2018

第3章　航天电子生产常用危险化学品防火防爆技术

本章通过对燃烧、爆炸基本原理的分析，介绍火灾爆炸的危害性；分析航天电子常用危险化学品储存、使用场所的建筑分类、平面布局、耐火措施、防爆泄压等，优化技术措施，消除或减少可燃气体、易燃液体的蒸气或粉尘的产生、积聚，以达到防止燃烧和爆炸的目的。

3.1　燃烧

3.1.1　燃烧定义及其条件

（1）燃烧定义

燃烧是可燃物与氧化剂发生的放热反应，通常伴有火焰、发光和（或）发烟现象。

（2）燃烧条件

燃烧的三个必要条件：可燃物、助燃物、点火源。

可燃物：能与空气、氧气或其他氧化剂发生剧烈氧化反应的物质，均称为可燃物，如木材、氢气、汽油、煤炭等。

助燃物：具有较强的氧化能力，能与可燃物发生化学反应并引起燃烧的物质，称为助燃物，如存在于空气中的氧气。

点火源：能引起物质燃烧的能源统称为点火源。常见的点火源有明火、电火花和炽热物体等。

3.1.2　燃烧分类

燃烧按其形成的条件和瞬间发生的特点，一般分为闪燃、着火、自燃和爆炸四种类型。

（1）闪燃

闪燃是指易燃或可燃液体挥发出来的蒸气与空气混合后，遇火源发生一闪即灭的燃烧现象。

发生闪燃现象的最低温度称为闪点。闪点越低，火灾危险性越大。几种常见易燃或可燃液体的闪点见表3-1。

（2）着火

着火指可燃物质在空气中受到外界火源或高温的直接作用，开始起火持续燃烧的现象。物质开始起火并持续燃烧的最低温度，称为燃点或着火点。一般易燃液体的燃点高出闪点 1～5℃。

表 3－1　几种常见易燃或可燃液体的闪点

名称	闪点/℃	名称	闪点/℃
汽油	－50	二硫化碳	－30
煤油	38～74	甲醇	11
酒精	12	丙酮	－18
苯	－14	乙醛	－38
乙醚	－45	松节油	35

（3）自燃

可燃物质因受热或自身发热并蓄热所产生的自然燃烧的现象，称为自燃。可燃物体发生自燃的最低温度，称为自燃点。

自燃根据热的来源不同分为受热自燃和自热自燃。

（4）爆炸

爆炸是燃烧的一种特殊形式。爆炸是物质由一种状态迅速地转变为另一种状态，并在瞬间以机械能的形式释放出巨大能量，或是气体、蒸气在瞬间发生剧烈膨胀等现象。

3.1.3　燃烧形式

（1）预混燃烧

预混燃烧又称为爆炸式燃烧，是指可燃气体、蒸气或粉尘预先同空气（或氧）混合，遇火源产生带有冲击力的燃烧。

（2）扩散燃烧

扩散燃烧是指可燃性气体和蒸气分子与气体氧化剂互相扩散，边混合边燃烧的现象。

（3）蒸发燃烧

可燃液体或固体蒸发产生的蒸气与氧气发生燃烧反应进行燃烧，称为蒸发燃烧。

（4）分解燃烧

难挥发可燃物质的燃烧是受热后分解产生的可燃性气体进行燃烧，称为分解燃烧。

（5）表面燃烧

可燃固体（如木炭、焦炭、铁、铜等）的燃烧反应仅在其表面由氧和物质直接作用而发生的，称为表面燃烧。

（6）熏烟燃烧（阴燃）

可燃固体在空气不流通、加热温度较低、分解出的可燃挥发分较少或逸散较快、含水分较多等条件下，往往发生只冒烟而无火焰的燃烧现象。

（7）动力燃烧（爆炸）

动力燃烧是指可燃固体或其分解析出的可燃挥发分遇火源所发生的爆炸式燃烧。主要包括可燃粉尘爆炸、炸药爆炸和轰燃等。

3.1.4　火灾

3.1.4.1　火灾分类

按可燃物类型和燃烧特性将火灾分为以下六类：

A 类火灾：固体物质火灾。这种物质通常具有有机物性质，一般在燃烧时能产生灼热的余烬。

B 类火灾：液体或可熔化的固体物质火灾，如煤油、柴油、甲醇、乙醇等。

C 类火灾：气体火灾，如煤气、天然气、甲烷、丙烷、氢气等火灾。

D 类火灾：金属火灾，如钾、钠、镁、锂、铝镁合金等火灾。

E 类火灾：物体带电燃烧的火灾，如变压器等设备的电气火灾。

F 类火灾：烹饪器具内的烹饪物（如动植物油脂）火灾。

3.1.4.2　灭火的基本原理

（1）冷却灭火

可燃物一旦达到着火点，就会燃烧或持续燃烧。在一定条件下，将可燃物的温度降到着火点以下，燃烧即停止。对于可燃固体，将其冷却在燃点以下；对于可燃液体，将其冷却在闪点以下，燃烧反应则可能会中止。

（2）隔离灭火

可燃物是燃烧的主要因素。将可燃物与氧气、火焰隔离，可中止燃烧。

（3）窒息灭火

可燃物的燃烧是氧化作用，在最低氧浓度以上才能进行。一般氧浓度低于 15%时，就不能维持燃烧。可通过向着火场所灌注非助燃气体（如二氧化碳、氮气等），降低空间的氧浓度，窒息灭火。

（4）化学抑制灭火

有焰燃烧是通过链式反应进行的，有效地抑制自由基的产生或降低火焰中的自由基浓度，可使燃烧中止。化学抑制灭火的常见灭火剂有干粉灭火剂和七氟丙烷灭火剂。化学抑制灭火速度快，可有效扑灭初期火灾。

（5）防火分隔设施

防火分隔构件可分为固定式和可开启关闭式两种。

固定式包括普通砖墙、楼板、防火墙等，可开启关闭式包括防火门、防火窗、防火卷帘、防火水幕等。

3.2　爆炸

3.2.1　爆炸定义及其条件

由于物质急剧氧化或分解发生温度升高或压力增大，或两者同时增加的现象，称为爆炸。

爆炸必须具备以下五个条件：

1）提供能量的可燃性物质，即爆炸性物质：能与氧气（空气）反应的物质，包括气体、液体和固体。

2）辅助燃烧的助燃剂（氧化剂），如氧气、空气。

3）可燃物质与助燃剂均匀混合。

4）混合物在相对封闭的空间（包围体）。

5）有足够能量的点燃源，包括明火、电气火花、机械火花、静电火花、高温、化学反应和光能等。

3.2.2 爆炸分类

1）按爆炸初始能量分为：物理爆炸、化学爆炸、核爆炸等。

2）按照爆炸反应的相不同分为：气相爆炸、液相爆炸、固相爆炸。

3）按爆炸的瞬时燃烧速度分为：轻爆、爆炸、爆轰。

3.2.3 爆炸极限

可燃气体、蒸气或粉尘与空气（或氧气）混合并达到一定浓度时，遇火源就会燃烧或爆炸，这个浓度范围称为爆炸极限。能引起爆炸的最高浓度称为爆炸上限，能引起爆炸的最低浓度称为爆炸下限。

通常，可燃气体、可燃蒸气用体积百分数（%）表示，可燃粉尘用 mg/m^3 表示。

1）爆炸极限是评定可燃气体火灾危险性大小的依据，爆炸极限的范围越宽，爆炸下限越低，火灾的危险性就越大。

2）爆炸极限是评定气体生产、储存场所火险类别的依据，也是选择电气防爆型式的依据。爆炸下限小于 10%的可燃气体场所选用隔爆型电气设备，爆炸下限大于或等于10%的可燃气体场所选用防爆型电气设备。

航天电子常用可燃气体或蒸气的爆炸极限见表 3－2。

表 3－2　航天电子常用可燃气体或蒸气的爆炸极限

可燃气体或蒸气	分子式	爆炸极限（%）	
		下限	上限
氢	H_2	4.0	75
氨	NH_3	15	28
一氧化碳	CO	11.5	74
甲烷	CH_4	2.3	14
乙烯	C_2H_4	1.75	34
苯	C_6H_6	1.4	7.1
乙醚	$C_4H_{10}O$	1.9	40
乙醇	C_2H_6O	3.4	19
丙酮	C_3H_6O	2.5	12.8

3.2.4 爆炸点火源

（1）常见爆炸点火源

常见引起爆炸的点火源主要有：机械火源（撞击、摩擦）、热火源（高温）、电火源（静电、雷电）及化学火源（明火、化学反应）。

（2）最小点火能量

每一种气体爆炸混合物，都有起爆的最小点火能量，低于该能量，混合物就不会发生爆炸。

3.2.5　常用事故爆炸模型

常用火灾爆炸模型有：蒸气云爆炸（VCE）模型、沸腾液体扩展蒸气爆炸（BLEVE）模型、池火灾、有毒物质泄漏扩散、喷射火灾、凝聚相爆炸等。

可燃液体泄漏发生燃爆可采用蒸气云爆炸模型计算。当爆炸性气体泄漏或可燃液体泄漏蒸发，遇到延迟点火则可能发生蒸气云爆炸；如遇不到火源，则将会扩散并消失。用 TNT 当量法来预测其爆炸严重度，公式为

$$W_{TNT}=\beta A W_f Q_f/Q_{TNT} \tag{3-1}$$

$$R_1=13.6(W_{TNT}/1000)^{0.37} \tag{3-2}$$

式中　W_{TNT}——蒸气云的 TNT 当量，单位为 kg；

β——地面爆炸系数，取 $\beta=1.8$；

A——蒸气云的 TNT 当量系数，取值范围为 0.02%～14.9%；

W_f——蒸气云中燃料的总质量，单位为 kg；

Q_f——燃料的燃烧热，单位为 kJ/kg；

Q_{TNT}——TNT 的爆热，$Q_{TNT}=4120\sim4690$kJ/kg；

R_1——死亡半径。

3.3　建筑物防火要求

3.3.1　火灾危险性

火灾危险性是确定建构筑物的耐火等级、工艺布局、电气设备选型及采取防火防爆措施的重要依据。

根据生产中使用或产生的物质，或储存物品的性质及数量，将火灾危险性分为甲、乙、丙、丁、戊类。

（1）火灾危险性分类

生产、储存物品的火灾危险性是以生产过程中使用和产出物质的火灾危险性类别确定的，储存物品的火灾危险性分类及举例见表 3－3。生产场所火灾危险性分类详见 GB 50016—2014。

表 3－3　储存物品的火灾危险性分类及举例

序号	仓库类型	储存物质特征	常见物质
1	甲	1）闪点小于 28℃的液体 2）爆炸下限小于 10%的气体，受到水或空气中水蒸气的作用能产生爆炸下限小于 10%气体的固体物质 3）常温下能自行分解或在空气中氧化能迅速自燃或爆炸的物质 4）常温下受到水或空气中水蒸气的作用，能产生可燃气体并引起燃烧或爆炸的物质 5）遇酸、受热、撞击、摩擦以及遇有机物或硫黄等易燃的无机物，极易引起燃烧或爆炸的强氧化剂 6）受撞击、摩擦或与氧化剂、有机物接触时能引起燃烧或爆炸的物质	汽油、丙酮、乙醇、喷漆棉、黄磷、金属钠、高氯酸铵、过氧化钠等

（续）

序号	仓库类型	储存物质特征	常见物质
2	乙	1）闪点不小于28℃，但小于60℃的液体 2）爆炸下限不小于10%的气体 3）不属于甲类的氧化剂 4）不属于甲类的易燃固体 5）助燃气体 6）常温下与空气接触能缓慢氧化，积热不散引起自燃的物品	煤油、氨、氧、硝酸、铝粉等
3	丙	1）闪点不小于60℃的液体 2）可燃液体	机油、闪点大于或等于60℃的柴油等
4	丁	难燃烧物品	自熄性、塑料及其制品、水泥刨花板等
5	戊	不燃烧物品	钢材、铝材、岩棉等

（2）物质的最大允许量

一般情况下，厂房或实验室内单位容积的最大允许量，可不按物质火灾危险特性确定，详见GB 50016—2014规定要求。

单位容积的最大允许量是非甲、乙类厂房或实验室内使用甲、乙类火灾危险性物品的两个控制指标之一。厂房或实验室内使用甲、乙类火灾危险性物品的总量同其室内容积之比应小于此值，即

$$\frac{\text{甲、乙类物品的总量}}{\text{厂房或实验室的容积}} < \text{单位容积的最大允许量}$$

3.3.2 建筑物平面布局及要求

3.3.2.1 耐火等级

依据建筑物构件的燃烧性能和耐火极限，可将厂房、仓库的耐火等级分为一、二、三、四级，相关数据见表3-4。

表3-4 不同耐火等级厂房和仓库建筑构件燃烧性和耐火等级

序号	构件名称	耐火等级			
		一级	二级	三级	四级
1	防火墙	不燃性 3h	不燃性 3h	不燃性 3h	不燃性 3h
2	承重墙	不燃性 3h	不燃性 2.5h	不燃性 2h	难燃性 0.5h
3	楼梯间和前室的墙 电梯井的墙	不燃性 2h	不燃性 2h	不燃性 1.5h	难燃性 0.5h
4	疏散走道 两侧的隔墙	不燃性 1h	不燃性 1h	不燃性 0.5h	难燃性 0.25h

（续）

序号	构件名称	耐火等级			
		一级	二级	三级	四级
5	非承重外墙的隔墙	不燃性 0.75h	不燃性 0.5h	难燃性 0.5h	难燃性 0.25h
6	柱	不燃性 3h	不燃性 2.5h	不燃性 2h	难燃性 0.5h
7	梁	不燃性 2h	不燃性 1.5h	不燃性 1h	难燃性 0.5h
8	楼板	不燃性 1.5h	不燃性 1h	不燃性 0.75h	难燃性 0.5h
9	屋顶承重构件	不燃性 1.5h	不燃性 1h	难燃性 0.5h	可燃性
10	疏散楼梯	不燃性 1.5h	不燃性 1h	不燃性 0.75h	可燃性
11	吊顶（包括吊顶搁栅）	不燃性 0.25h	难燃性 0.25h	难燃性 0.15h	可燃性

注：二级耐火等级建筑内采用不燃材料的吊顶，其耐火极限不限。

1）厂房、仓库的耐火等级、层数和面积规定详见 GB 50016—2014 的要求。

2）高层甲、乙类储存场所的耐火等级不应低于二级。建筑面积不大于 300m^2 的独立甲、乙类单层储存场所可采用三级耐火等级。

3）单、多层丙类储存场所和多层丁、戊类储存场所的耐火等级不应低于三级。

4）使用或产生丙类液体的储存场所和有火花、赤热表面、明火的丁类储存场所，其耐火等级不应低于二级；对于建筑面积大于 500m^2 的第三层丙类储存场所或建筑面积不大于 1000m^2 的单层丁类储存场所，可采用三级耐火等级。

5）使用或储存特殊贵重的机械、仪表、仪器或物品的场所，其耐火等级不应低于二级。

6）高架、高层储存场所，甲类、多层乙类储存场所和储存可燃液体的多层丙类储存场所，其耐火等级不应低于二级。

7）单层乙类、丙类储存场所，储存可燃固体的多层丙类储存场所和多层丁、戊类储存场所，其耐火等级不应低于三级。

3.3.2.2　*平面布局*

（1）选址与布局

建筑选址应考虑周围环境要求、地势条件和主导风向等。散发可燃气体、可燃蒸气和可燃粉尘的车间、装置，宜布置在明火或散发火花地点的常年主导风向的下风或侧风向。

（2）洁净厂房选址

洁净厂房应布置在大气含尘和有害气体浓度较低、自然环境较好的区域，远离铁路、机场、交通要道以及散发大量粉尘和有害气体的工厂、贮仓、堆场等有严重空气污染、振动或噪声干扰的区域，布置在厂区内环境清洁，人流、物流不穿越或少穿越的地段。厂房周围的道路面层，应选用发尘少的材料。此外，洁净厂房平面布置应合理、紧凑，满足生产工艺和洁净度的基本要求。

3.3.2.3　*防火间距和防火间距不足时的技术措施*

（1）防火间距

防火间距是一座建筑物着火后，火灾不会蔓延到相邻建筑物的空间间隔，它是针对相邻建筑间距设置的。

防火间距的确定原则如下：

1）防止火灾蔓延。

2）保障灭火救援场地需要。

3）节约土地资源。

4）计算防火间距。

甲、乙类厂房（仓库）属危险性较大的易燃易爆场所，不应与其他建筑贴邻建造，丙、丁、戊类厂房不应与甲、乙类仓库贴邻建造。厂房之间或厂房与仓库、民用建筑之间防火间距要求详见 GB 50016—2014。

（2）防火间距不足时的技术措施

由于场地等原因，防火间距不能满足有关消防技术规范要求时，可根据建筑物的实际情况，采取以下补救措施：

1）改变建筑物的生产和使用性质，尽量降低建筑物的火灾危险性。

2）改变房屋部分结构的耐火性能，提高建筑物的耐火等级。

3）调整生产厂房的部分工艺流程，限制库房内储存物品的数量，提高部分构件的耐火极限和燃烧性能。

4）将建筑物的普通外墙改造为防火墙或减少相邻建筑的开口面积，如开设门窗应采用防火门窗或加防火水幕保护。

5）拆除部分耐火等级低、占地面积小、使用价值低的陈旧建筑物。

6）设置独立的室外防火墙。

3.3.2.4 建筑物防雷

1）储存易燃、易爆危险化学品的建筑必须安装避雷设施。

2）建筑物防雷分为一、二、三类，见表 3－5。各类建筑物的防雷设置及要求参照 GB 50057—2010。

表 3－5 建筑物防雷分类表

序号	防雷类型	常见建筑物
1	第一类防雷建筑物	1）制造、使用或储存火炸药及其制品的危险建筑物，因电火花而引起爆炸、爆轰，会造成巨大破坏和人身伤亡者 2）具有连续或长期出现爆炸性气体混合物或可燃性粉尘环境 20 区爆炸危险场所的建筑物 3）具有在正常运行时可能出现爆炸性气体混合物或可燃性粉尘环境 21 区爆炸危险场所的建筑物，因电火花而引起爆炸，会造成巨大破坏和人身伤亡者
2	第二类防雷建筑物	1）制造、使用或储存火炸药及其制品的危险建筑物，且电火花不易引起爆炸或不致造成巨大破坏和人身伤亡者 2）具有在正常运行时可能出现爆炸性气体混合物或可燃性粉尘环境 21 区爆炸危险场所的建筑物，且电火花不易引起爆炸或不致造成巨大破坏和人身伤亡者 3）具有在正常运行不可能出现爆炸性气体混合物或可燃性粉尘环境 22 区爆炸危险场所的建筑物 4）有爆炸危险的露天钢制封闭气罐 5）预计雷击次数大于 0.25 次/年的住宅、办公楼等一般性民用建筑或一般性工业建筑物
3	第三类防雷建筑物	预计雷击次数大于或等于 0.05 次/年，且小于或等于 0.25 次/年的住宅、办公楼等一般性民用建筑或一般性工业建筑物

3.3.3　安全疏散

（1）安全出口

安全出口是指供人员安全疏散用的楼梯间和室外楼梯的出入口或直通室内外安全区域的出口。安全出口应保持畅通，不得有障碍物，向疏散方向开启。

同一防火分区安全出口一般不少于两个。现场风险较低、建筑面积较小、现场人数较少等情况下可以设置一个安全出口。安全出口设置要求及宽度详见 GB 50016—2014 的相关规定。

（2）疏散出口

疏散出口指直接通向疏散走道的房间门、直接开向疏散楼梯间的门或室外的门。每个防火分区内的疏散楼梯、走道、门的总净宽度应根据疏散人数确定，详见 GB 50016—2014 的相关规定。

3.4　厂房及设施防爆要求

3.4.1　爆炸危险区域划分

3.4.1.1　爆炸危险区域分类

根据爆炸性混合物出现的频繁程度和持续时间进行危险区域划分。

（1）爆炸性气体环境危险区域分类

0 区：连续出现或长期出现爆炸性气体混合物的环境。

1 区：在正常运行时可能出现爆炸性气体混合物的环境。

2 区：在正常运行时不太可能出现爆炸性气体混合物的环境，或即使出现也仅是短时存在的爆炸性气体混合物的环境。

（2）爆炸性粉尘环境危险区域分类

20 区：空气中的可燃性粉尘云持续地或长期地或频繁地出现于爆炸性环境中的区域。

21 区：在正常运行时，空气中的可燃性粉尘云很可能偶尔出现于爆炸性环境中的区域。

22 区：在正常运行时，空气中的可燃性粉尘云一般不可能出现于爆炸性粉尘环境中的区域，即使出现，持续时间也是短暂的。

3.4.1.2　通风条件的影响

1）当通风良好时，应降低爆炸危险区域等级；当通风不良时，应提高爆炸危险区域等级（爆炸危险区域内的通风，其空气流量能使易燃物质很快稀释到爆炸下限值的 25%以下时，可定为通风良好）。

2）局部机械通风在降低爆炸性气体混合物浓度方面比自然通风和全面机械通风更有效时，可采用局部机械通风降低爆炸危险区域等级。

3）在障碍物、凹坑和死角处，应局部提高爆炸危险区域等级。

4）利用堤或墙等障碍物，限制比空气重的爆炸性气体混合物的扩散，可缩小爆炸危险区域的范围。

3.4.1.3 非爆炸危险区域

符合下列条件之一时，可划为非爆炸危险区域：

1）没有释放源，或并不可能有易燃物质侵入的区域。

2）易燃物质可能出现的最高浓度不超过爆炸下限值的10%。

3）在生产过程中使用明火的设备附近，或炽热部件的表面温度超过区域内易燃物质引燃温度的设备附近。

4）在生产装置区外，露天或开敞设置的输送易燃物质的架空管道地带，但其阀门处按具体情况而定。

3.4.2 爆炸区域平面布局

（1）总平面布局要求

1）有爆炸危险的甲、乙类厂房、库房应独立设置，并采用敞开或半敞开式。

2）有爆炸危险的厂房、库房与周围建构筑物应保持一定防火间距。

3）有爆炸危险的厂房平面布置最好采用矩形，与主导风向垂直或夹角不小于45°。

4）防爆厂房宜单独设置。如必须与非防爆厂房贴邻时，只能一面贴邻，并在两者之间用防火墙或防爆墙隔开。相邻两个厂房之间不应直接有门相通，以避免爆炸冲击波的影响。

（2）平面布置要求

1）甲、乙类厂房及仓库不应设置在地下或半地下。

2）甲、乙类厂房及仓库内不应设置办公室、休息室及员工宿舍。

3）厂房中危险性大和危险性小的车间之间，应用防火墙隔开。

4）生产、使用或储存相同爆炸物品时，应尽量集中在一个区域。性质不同的危险物品，应分开设置。

3.4.3 泄压防爆

（1）泄压设施

泄压设施主要为轻质墙体、轻质屋盖和易于泄压的门窗。在设计中采取措施尽量减小泄压面的单位质量和连接强度。泄压面设置应避开主要交通道路和人员密集场所。

（2）泄压面积计算

为防止建筑物的承重构件因强大的爆炸力遭到破坏，将一定面积的建筑构配件做成薄弱泄压设施，其面积称为泄压面积。

有爆炸危险的甲、乙类厂房，其泄压面积按式（3-3）计算

$$A = 10CV^{2/3} \tag{3-3}$$

式中 A——泄压面积，单位为m^2；

V——厂房的容积，单位为m^3；

C——厂房容积为$1000m^3$时的厂房泄压比，取值见表3-6。

当厂房的长径比大于3时，将该建筑划分为长径比小于或等于3的多个计算段计算（长径比：建筑平面几何外形尺寸中的最长尺寸与其横截面周长的积和4倍的建筑横截面面积之比）。

表 3-6　厂房内爆炸性危险物质的类别与泄压比值

厂房内爆炸性危险物质的类别	C 值/(m^2/m^3)
氨以及粮食、纸、皮革、铅、铬、铜等 $K_{尘}<10MPa\cdot m/s$ 的粉尘	≥0.030
木屑、炭屑、煤粉、锑、锡等 $10MPa\cdot m/s\leqslant K_{尘}\leqslant 30MPa\cdot m/s$ 的粉尘	≥0.055
丙酮、汽油、甲醇、液化石油气、甲烷、喷漆间或干燥室以及苯酚树脂、铝、镁、锆等 $K_{尘}>30MPa\cdot m/s$ 的粉尘	≥0.110
乙烯	≥0.16
乙炔	≥0.20
氢	≥0.25

注：$K_{尘}$——粉尘爆炸指数。

(3) 抗爆设计

1) 耐爆框架结构一般有三种形式：现浇式钢筋混凝土框架结构、装配式钢筋混凝土框架结构、钢框架结构。

2) 爆炸场所应设置隔爆设施，如防爆墙、防爆门、防爆窗等。

3.4.4 防爆及控制措施

3.4.4.1 防爆的一般原则

依据物质燃烧的基本原理，防止发生火灾爆炸事故的基本原则如下：

1) 控制可燃物和助燃物浓度、温度、压力及混触条件，避免物料处于爆燃的危险状态。

2) 消除一切可能引起起火爆炸的点火源。

3) 采取各种阻隔手段，阻止火灾爆炸事故扩大。

防爆技术控制措施主要包括：预防性技术措施（控制可燃物、消除点火源）、减轻性技术措施。

3.4.4.2 控制可燃物

消除可燃物燃爆特性和触发条件是防止燃爆灾害发生的基本措施，可通过工艺设计消除或减少可燃物质的释放及积聚。

1) 用燃烧性能较差的溶剂代替易燃溶剂。

2) 根据燃烧性物质的特性处理。

3) 工艺装置宜采取露天或开敞式布置，在气体易积聚或通风不良的场所设置机械通风装置。

4) 稳定工艺操作，杜绝跑、冒、滴、漏，防止误操作。

5) 在设备内可采用氮气或其他惰性气体保护。

3.4.4.3 消除点火源

根据产生能量方式的不同，点火源主要有明火、高温物体、电火花及电弧、静电火花、撞击与摩擦、化学反应放热等。可依据点火源的性质，对点火源进行控制和消除。

(1) 禁止烟火

危险化学品储存使用等易燃易爆区域应禁止烟火，不得携带火种进入。汽车进入易燃易爆区域时排气管应安装防火帽。

（2）采用防爆电气

散发可燃气体和可燃蒸气的场所，应选用相应防爆类型的防爆电气设备，避免电弧、电火花的产生和传播。

（3）实施隔离和控温

动火作业应在指定区域进行，工作前应撤除周围可燃物品，以防焊接飞散出的熔渣点燃可燃物。

高温设施及物品应划定专门存放区域，周围不得放置易燃品。禁止将易燃易爆品放入高温箱烘干。

（4）安装避雷设施

建筑物应设置避雷带或避雷针，设备金属外壳接地。

（5）静电导消

易燃易爆场所设置静电导消装置，人员穿着防静电工作服，使用不易产生火花或静电的工器具。

3.4.4.4　减轻性技术措施

1）采取泄压措施。建筑构件设计中设置一些薄弱构件，当爆炸发生时，泄压构件首先被破坏，使高温高压气体泄放，从而降低爆炸压力，使主体结构不发生破坏。

2）采用抗爆性能良好的建筑结构。强化建筑结构主体的强度和刚度，使其在爆炸中足以抵抗爆炸压力不倒塌。

3）采取合理的建筑布置。合理设计总平面布局和平面布置，尽量减小爆炸影响范围。

3.4.5　防爆电气

3.4.5.1　防爆电气的类别

（1）爆炸性气体环境用电气设备

爆炸性气体环境用电气设备分为Ⅰ类、Ⅱ类。

Ⅰ类：煤矿用电气设备。

Ⅱ类：除煤矿外的其他爆炸性气体环境用电气设备。

（2）可燃性粉尘环境用电气设备

可燃性粉尘环境用电气设备分为A型尘密设备、B型尘密设备、A型防尘设备、B型防尘设备。

3.4.5.2　电气设备基本防爆型式

1）隔爆型（d）；

2）增安型（e）；

3）本质安全型（i）；

4）正压型（p）；

5）油浸型（o）；

6）充砂型（q）；

7）无火花型（n）；

8）浇封型（m）。

3.4.5.3　电气防爆基本措施

1）正常运行时产生火花、电弧和危险温度的电气设备和电路，应布置在爆炸危险性较小或没有爆炸危险的环境内。

2）采用防爆电气设备。

3）电气设备的金属外壳应可靠接地。

4）设置漏电火灾报警和紧急断电装置。

5）散发较空气重的可燃气体、可燃蒸气的甲类厂房以及有粉尘、纤维爆炸危险的乙类厂房，应采用不发火花的地面。

3.4.6　航天电子作业场所防爆要求

航天电子涉及危险化学品使用的作业，主要有清洗、涂覆和喷漆等，一般防爆要求如下：

1）门应向疏散方向开启，入口处应设置可靠的导消静电装置。

2）地面平整，应采用不发火花、防静电的材料。

3）作业现场应设置机械通风装置，保证通风良好。

4）电气设备应采用防爆型。各类管道应符合隔火防爆的要求，并设有导除静电的接地装置。禁止在室内拉接临时电源电路。

5）工作台台面应采取防静电措施，确保接地良好。

6）有可燃气体泄漏或积聚危险性的区域，应设置气体浓度检测报警装置，与防爆通风联动，安装位置应符合相关要求。

7）作业现场应设置事故通风系统，事故通风紧急按钮应设置在室外。通风量、换气次数应满足相关要求。

8）现场不得使用蒸汽取暖和机械取暖。取暖媒介温度不得过高，管道应采用非燃烧材料。

9）作业现场应使用不产生火花、防静电的工具。盛装易燃溶剂的容器应加盖，不得用塑料容器。

10）人员作业时应穿戴防静电工作服，佩戴防护口罩、护目镜等个体防护用品。

3.5　消防设施要求

应根据建筑物的用途、环境条件和火灾危险性类别等，设置消防给水和消防设施。

3.5.1　常用灭火设施

常用的灭火装置有自动喷水、水喷雾、七氟丙烷、二氧化碳、泡沫、干粉灭火系统等及其他自动灭火装置。

（1）水灭火装置

对于水溶性可燃、易燃液体的火灾，水与可燃、易燃液体混合，可降低燃烧液体浓度以及燃烧区内可燃蒸气浓度。

常见的水灭火装置有喷淋装置和水幕装置。

（2）泡沫灭火装置

泡沫灭火装置一般由泡沫液罐、比例混合器、混合液管线、泡沫室和消防水泵等组成。泡沫灭火器主要用于罐区灭火。

泡沫灭火装置按发泡剂的不同分为化学泡沫和空气机械泡沫装置两种类型。

（3）二氧化碳灭火装置

二氧化碳灭火装置一般由储气钢瓶组、配管和喷头组成。其用量与可燃物料的物性、防火场所的容积和密闭性等有关。

（4）干粉灭火装置

干粉是微细的固体颗粒，有碳酸氢钠、碳酸氢钾和磷酸二氢铵等。

（5）烟雾灭火装置

烟雾灭火装置由发烟器和浮漂两部分组成。烟雾灭火剂由硝酸钾、木炭、硫黄、三聚氰胺和碳酸氢钠组成。

（6）氮气灭火装置

氮气灭火装置的结构与二氧化碳灭火装置类似，适用于扑灭高温、高压的物料火灾。

3.5.2 消防给水系统

（1）消防给水

消防给水系统主要由消防水源（市政管网、水池、水箱）、供水设施（消防水泵、水泵接合器）和给水管网（阀门）等构成。消防给水应充分考虑建筑的类型及火灾危险性、建筑高度、使用人员的数量、发生火灾可能产生的危害、建筑的周边环境条件和需配置的消防设施的适用性。

（2）消防栓

①室外消防栓

室外消防栓系统包括水源、水泵接合器、室外消防栓、供水管网和相应的控制阀门等。室外消防栓是设置在建筑物外消防给水管网上的供水设施，可经加压后直接连接水带、水枪出水灭火。

②室内消防栓

室内消防栓是控制建筑内初期火灾的主要灭火、控火设备，一般需要专业人员或受过训练的人员操作才能较好地发挥作用。

（3）消防控制室

消防控制室是建筑物内防火、灭火设施的显示和控制中心，必须确保控制室具有足够的防火性能，设置的位置能便于安全进出。

对于自动消防设施设置较多的建筑，设置消防控制室可以方便采用集中控制方式管理、监视和控制建筑内自动消防设施的运行状况。

3.5.3 灭火器设置要求

3.5.3.1 灭火器类型选择

1）A 类火灾场所应选择水型灭火器、磷酸铵盐干粉灭火器、泡沫灭火器或卤代烷灭火器。

2）B 类火灾场所应选择泡沫灭火器、碳酸氢钠干粉灭火器、磷酸铵盐干粉灭火器、二氧化碳灭火器、灭 B 类火灾的水型灭火器或卤代烷灭火器。

3）C 类火灾场所应选择磷酸铵盐干粉灭火器、碳酸氢钠干粉灭火器、二氧化碳灭火器或卤代烷灭火器。

4）D 类火灾场所应选择扑灭金属火灾的专用灭火器。

5）E 类火灾场所应选择磷酸铵盐干粉灭火器、碳酸氢钠干粉灭火器、卤代烷灭火器或二氧化碳灭火器，但不得选用装有金属喇叭喷筒的二氧化碳灭火器。

不同类型灭火器适用范围详见表 3-7。

表 3-7　不同类型灭火器适用范围

灭火器类型 / 火灾场所	水型灭火器	干粉灭火器		泡沫灭火器		卤代烷灭火器	二氧化碳灭火器
		磷酸铵盐干粉灭火器	碳酸氢钠干粉灭火器	机械泡沫灭火器	抗溶泡沫灭火器		
A 类场所	适用 水能冷却并穿透固体燃烧物质而灭火，并可有效防止复燃	适用 粉剂能附着在燃烧物的表面层，起到窒息火焰的作用	不适用 碳酸氢钠对固体可燃物无黏附作用，只能控火，不能灭火	适用 具有冷却和覆盖燃烧物表面及与空气隔绝的作用		适用 具有扑灭 A 类火灾的效能	不适用 灭火器喷出的二氧化碳无液滴，全是气体，对 A 类火基本无效
B 类场所	不适用 水射流冲击油面，会激溅油火，致使火势蔓延，灭火困难	适用 干粉灭火剂能快速窒息火焰，具有中断燃烧过程的连锁反应的化学活性		适用于扑救非极性溶剂和油品火灾，覆盖燃烧物表面，使其与空气隔绝	适用于扑救极性溶剂火灾	适用 洁净气体灭火剂能快速窒息火焰，抑制燃烧连锁反应，中止燃烧过程	适用 二氧化碳靠气体堆积在燃烧物表面，稀释并隔绝空气

（续）

灭火器类型 火灾场所	水型灭火器	干粉灭火器		泡沫灭火器		卤代烷灭火器	二氧化碳灭火器
		磷酸铵盐干粉灭火器	碳酸氢钠干粉灭火器	机械泡沫灭火器	抗溶泡沫灭火器		
C类场所	不适用 灭火器喷出的细小水流对气体火灾作用很小，基本无效	适用 喷射干粉灭火剂能快速扑灭气体火焰，具有中断燃烧过程连锁反应的化学活性		不适用 泡沫对扑灭可燃液体火灾有效，但对扑救可燃气体火灾基本无效		适用 洁净气体灭火剂能抑制燃烧连锁反应，从而中止燃烧	适用 二氧化碳窒息灭火，不留残迹，不污损设备
E类场所	不适用	适用	适用于带电的E类火灾	不适用		适用	适用于带电的E类火灾

3.5.3.2 灭火器配置设计

甲、乙类场所属于严重危险级，丙类场所属于中危险级，丁、戊类场所属于轻危险级。设置在A、B、C类火灾场所的灭火器，其最低配置基准应符合表3－8和表3－9的规定。

表3－8 A类火灾场所灭火器的最低配置基准

危险等级	严重危险级	中危险级	轻危险级
单具灭火器最小配置灭火级别	3A	2A	1A
单位灭火级别最大保护面积/(m^2/A)	50	75	100

表3－9 B、C类火灾场所灭火器的最低配置基准

危险等级	严重危险级	中危险级	轻危险级
单具灭火器最小配置灭火级别	89B	55B	21B
单位灭火级别最大保护面积/(m^2/B)	0.5	1	1.5

计算单元的最小需配灭火级别，按式（3-4）计算

$$Q = K\frac{S}{U} \tag{3-4}$$

式中 Q——计算单元的最小需配灭火级别（A或B）；

S——计算单元的保护面积，单位为m^2；

U——A类或B类火灾场所单位灭火级别最大保护面积，单位为m^2/A或m^2/B；

K——修正系数（相关取值见表3－10）。

表3－10 修正系数

计算单元	K
未设室内消防栓系统和灭火系统	1.0
设有室内消防栓系统	0.9

（续）

计算单元	K
设有灭火系统	0.7
设有室内消防栓系统和灭火系统	0.5
可燃物露天堆场 甲、乙、丙类液体储罐区 可燃气体储罐区	0.3

3.5.4　火灾自动报警系统

火灾自动报警系统由火灾探测报警系统、消防联动控制系统、可燃气体探测报警系统及电气火灾监控系统组成。

（1）火灾探测报警系统

火灾探测报警系统由火灾报警控制器、触发器件和火灾警报装置等组成。通过火灾探测器变成电信号，传输到火灾报警控制器，并同时显示出火灾发生的部位和时间等，使人们能够及时发现火灾，并及时采取有效措施。

火灾探测器根据其探测火灾特征参数的不同，可以分为感烟、感温、感光、气体和复合等五种基本类型。

（2）消防联动控制系统

消防联动控制系统由消防联动控制器、消防控制室图形显示装置、消防电气控制装置（防火卷帘控制器、气体灭火控制器等）、消防电动装置、消防联动模块、消火栓按钮、消防应急广播设备、消防电话等设备和组件组成。

火灾发生时，火灾探测器的报警信号传输至消防联动控制器，消防联动控制器进行识别判断，启动相应自动消防系统（设施）；消防管理人员也可手动启动相应的消防系统（设施），实现预设的消防功能。

（3）可燃气体探测报警系统

可燃气体探测报警系统由可燃气体报警控制器、可燃气体探测器和火灾声光警报器组成，能够在保护区域内泄漏可燃气体浓度低于爆炸下限的条件提前报警。

（4）电气火灾监控系统

电气火灾监控系统由电气火灾监控器、电气火灾监控探测器和火灾警报器组成。能在电气线路、线路中的配电设备或用电设备发生电气故障并产生一定电气火灾隐患的条件下发出报警，提醒专业人员排除电气火灾隐患，实现电气火灾的早期预防，避免电气火灾的发生。

第 4 章　航天电子常用危险化学品风险源的辨识与评价

本章从危险源的基础知识入手，结合航天电子产品研制工艺流程，阐述了如何精准划分危险源辨识与风险评价单元，通过选用适宜的系统安全分析方法，识别、分析、评价单元内危险源所产生的风险，确定风险级别并提出风险管控措施。

4.1　基本要求

从安全生产的角度看，危险源（Hazard）是指可能造成人员伤亡或职业病、财产损失、环境破坏或其他损失的根源或状态。根据危险源在事故发生、发展中的作用，一般把危险源分为以下两类：

第一类危险源，即生产过程中存在的，可能发生意外释放的能量，包括生产过程中各种能量源、能量载体或危险物质。其决定了事故后果的严重程度。

第二类危险源，即能导致能量或危险物质约束或限制措施破坏或失效的各种因素，决定了事故发生的可能性。广义上包括物的故障、人的失误、环境不良以及管理缺陷等因素。在日常安全生产管理中，主要有人的不安全行为、物的不安全状态、环境的不安全因素及管理的缺陷。

风险一般是指不确定性对目标的影响，安全风险通常是指“某一特定危害事件发生的可能性和后果的组合”。安全风险强调的是损失的不确定性，其中包括发生与否的不确定、发生时间的不确定和导致结果的不确定等。因此，在安全生产风险管理过程中，应重点关注危险源导致的风险是否在可接受的范围。通常，将风险看作损失的可能性与其发生后果的严重程度，可通过下面函数进行表示

$$R = f(P, C)$$

式中　R——风险；

P——风险事件发生的可能性；

C——风险事件的后果。

在安全生产范畴内，通常将风险认定为在日常活动中，发生了人员伤亡或职业病、设备设施损坏、财产损失的状况。

风险评价即在危险源辨识的基础上，从安全生产的角度评估系统的危险性是否能够满足当前对安全生产的期望与需求。通常，采用系统安全评价方法开展系统的危险性评估。根据风险评价结果，统筹风险管控需求的投入与系统风险管控的效果，提出针对性的改进措施。危险源辨识与评价流程图如图 4－1 所示。

在开展危险源辨识、风险评价之前均要收集评价单元的相关资料，两者之间有共通点

和侧重点。共同的资料包括单元的用途、厂区周边环境信息、建构筑物本体及周围建构筑物信息、电气系统、消防系统、工艺流程、设备设施、管道分布、仪器仪表控制系统、公用工程系统、作业类型、原辅材料、管理机构、人员配置、管理制度、应急预案、安全投入、检测或检验报告等信息。

在进行风险评价时，要紧密结合单元在全寿命周期内所处的阶段（设计、试验、制造、使用、维护、报废或上述各阶段的变更过程），明确各危险源在系统中的地位和关系（独立的，逻辑交、并等）、管控措施的有效性、危险源在不同情况（正常、紧急、失控）下的变化等材料。

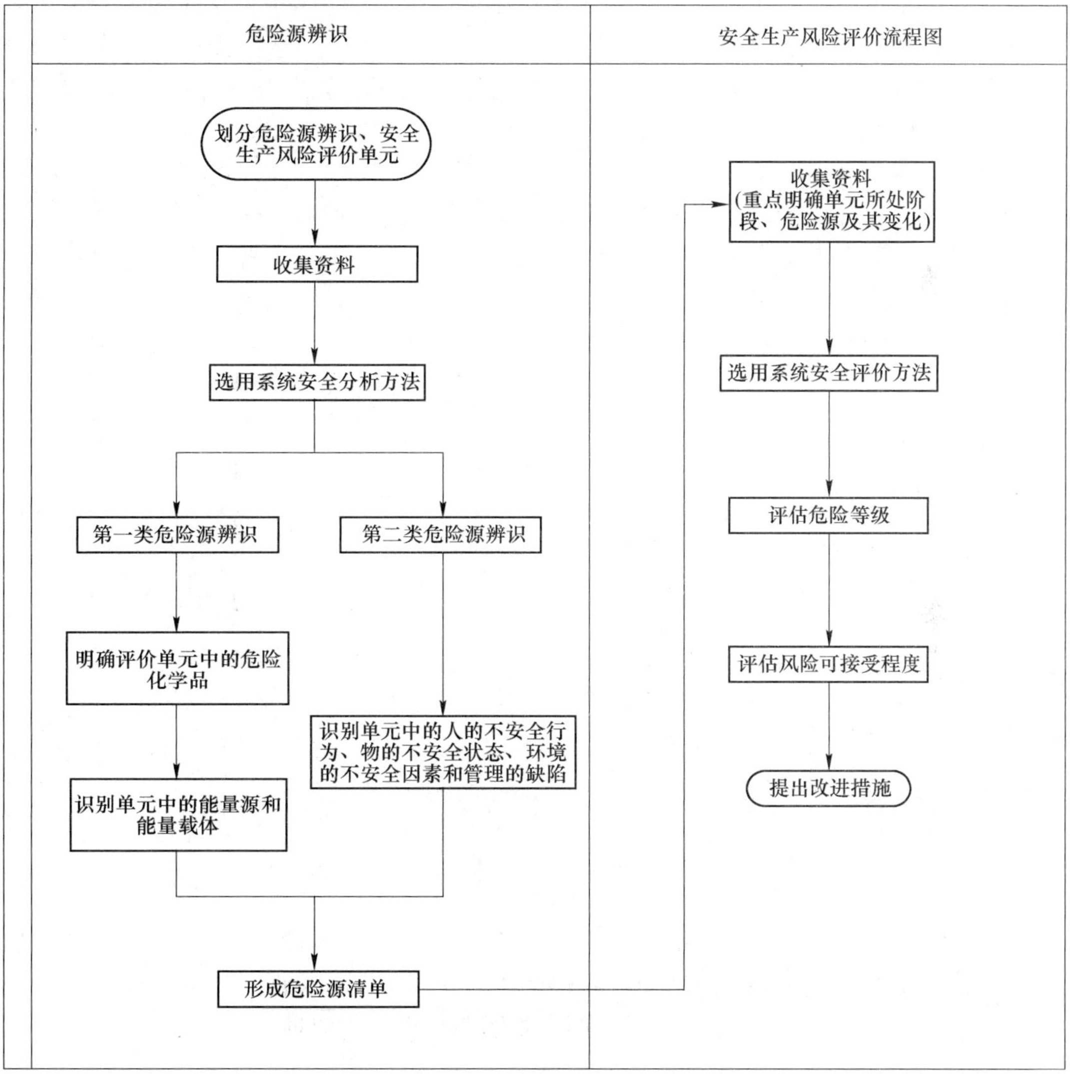

图 4-1　危险源辨识与评价流程图

在实际情况中，危险源的辨识与评价、安全风险的日常管控是相互交叉、重叠进行的，危险源辨识的全面性、风险评价的合理性是实施风险分级管控、隐患排查治理的基础，更是实现安全生产管理持续改进的基础。在进行危险源辨识与评价时，应注意将系统安全（System Safety）理念、全寿命周期（Life Cycle）管理要求融入单元（对象）的危险源辨识与风险评价活动。

4.2 危险源的辨识

为确保危险源辨识全面，在工作经验和事故教训累积的基础上，通常采用系统安全分析方法来辨识危险源。

首先，可根据“以危险、有害因素的类别为主，以布置的相对独立性和单元最小化，按工艺条件，按储存、处理危险化学品的潜在化学能、毒性和数量为原则”划定危险源辨识单元。如将电镀生产线、电装生产线、洁净间、危险化学品库（危险化学品暂存间）、表面处理区、特气供应与紧急处置系统、污水处理系统等作为单元。

其次，针对已经划定的单元，收集相关文件资料，明确单元内的作业环境、设备设施、原辅材料、工艺工序、人员能力、管控措施等日常作业活动。

最后，根据单元内被分析对象的复杂程度、规模大小、工艺工序、设备设施等特点，选用对应的系统安全分析方法进行危险源辨识。常用系统安全分析方法适用情况可参考表4－1及表4－2中的内容进行选择。

表4－1 常用系统安全分析方法适用情况

序号	名称	全寿命周期所处阶段								
		开发研制	方案设计	样机	详细设计	建造投产	日常运行	改建扩建	事故调查	拆除
1	安全检查表（SCL）		√	√	√	√	√	√		√
2	预先危险分析（PHA）	√	√	√	√			√		
3	危险性与可操作性研究（HAZOP）			√	√		√	√	√	
4	故障类型和影响分析（FMEA）			√	√		√	√	√	
5	事件树分析（ETA）			√	√		√	√	√	
6	故障树分析（FTA）			√	√		√	√	√	
7	因果分析（CCA）			√	√		√	√	√	

表 4-2　常用系统安全分析方法说明表

序号	名　称	适用范围及注意事项
1	安全检查表（SCL）	适用范围：根据有关安全规范、标准、制度及其他系统分析方法分析的结果，系统地对一个生产系统或设备进行科学的分析。其核心是安全检查表的编制和实施。系统变化不大时，将事先进行深入剖析的检查对象的各个项目分系统编制成表格，以便检查和避免漏检 注意事项：设计变更时，使用未变更的安全检查表可能会隐藏严重的风险
2	预先危险分析（PHA）	适用范围：新系统设计、已有系统改造之前的方案设计、选址阶段，未掌握其详细资料的时候，用来分析、辨识可能出现或已经存在的危险源，并尽可能在付诸实施之前找出预防、改正、补救措施，消除或控制危险源，以降低相关风险 注意事项：定性风险评估工具，其分析结果较为主观，且无法针对复合性的危险与失效进行评估
3	危险性与可操作性研究（HAZOP）	适用范围：基于"引导词"并由多专业人员组成的研究组通过会议等"头脑风暴"的方法，审查新设计或已有的生产工艺因为装置、设备的故障或误操作而导致的风险 注意事项：定性风险评估工具，其分析结果较为主观
4	故障类型和影响分析（FMEA）	适用范围：对系统的各个部分、元素进行的分析。在概念设计阶段，针对导致系统功能失效的危险因素。在主体设计阶段，针对系统元部件、子系统之间的有机连接的危险因素。在细节设计阶段，针对元部件导致系统失效的危险因素 注意事项：进行分析时假设单一零件的失效导致系统的失效，无法考虑单一零件的失效是否会导致系统其他零件失效而引起的连锁反应
5	事件树分析（ETA）	适用范围：根据给定系统起始事件的情况，应用逻辑思维的规律和形式，结合系统运行实际，分析该事件可能导致各种事件的后果，能够定性或定量分析事故产生的各类危险源，为指出管控措施、掌握系统事故发生规律、明确最严重事故后果、确定故障树顶上事件提供依据 注意事项：选定初始事件、明确事件之间的时间顺序是事件树分析的基础
6	故障树分析（FTA）	适用范围：从特定的故障事件（或事故）开始，利用故障树考查可能引起该事件发生的各种原因事件及其相互关系的系统安全分析方法，可以辨识单一、复合原因的失效，在故障率完整的前提下可进行定性和定量分析 注意事项：故障树中假设所有的失效为完全失效，实际上许多零件的失效为局部失效或退化性失效。此外，定量进行布尔逻辑运算时，可能会出现上千个基本事件，耗费大量的人力、物力
7	因果分析（CCA）	适用范围：将事件树分析和故障树分析结合起来的分析方式，通过事件树做后果分析、故障树做原因分析 注意事项：同事件树、故障树分析的注意事项

4.2.1　第一类危险源辨识

针对第一类危险源，可采用直观经验法通过安全检查表（SCL）来明确单元中的能量和危险化学品的产生、应用和转换等实际应用过程中对人、物、环境的危害。

首先，可依据《危险化学品目录》（2015 版）、安全技术说明书（MSDS）等标准规范、技术资料，梳理、明确评价单元中的危险化学品种类、使用环节及危害。

下面以某单位为例，对其产品生产活动过程进行梳理、分析，对照危险化学品相关目录可知涉及各种危险化学品 41 种，根据危险化学品技术说明书，直观判读其主要危害，见表 4－3。

表 4－3　航天电子某单位主要危险化学品分布表

序号	类别	种　类	使 用 环 节	主要危险性
1	压力下气体和液化气体	氨、氮、氦、氖、氩、氙、二氧化碳等	氩弧焊，二氧化碳保护焊，封装作业后质检、检漏或包装过程，烘烤固化，烧结炉操作，FAB 厂房内作业	爆炸、中毒和窒息
2	易燃气体（液体、固体）	汽油、乙醇、丙酮、二甲苯、甲苯、铝粉等	清洗作业，三防涂覆，电子装联，灌封作业，喷漆作业	火灾、爆炸、中毒和窒息
3	氧化性气体（液体、固体）和有机过氧化物	过氧化氢、氧、氟、氯、二氧化硫、一氧化二氮等	化学分析，电路解剖，刻蚀，金相分析	火灾、爆炸、中毒和窒息、灼烫
4	急性毒性	氰化钾、氰化金钾、氰化钠、氰化亚金钾、氰化亚铜、氰化银钾等	电镀生产线作业，电镀溶液配制	中毒、环境污染
5	致癌性	铯－137	环境试验	电离辐射
6	皮肤腐蚀/刺激	冰醋酸、硫酸、盐酸、氢氟酸、氢氧化钠等	光刻等腐蚀加工，封装作业中压焊，阳极化作业，酸洗作业	化学灼伤

其次，以《企业职工伤亡事故分类》（GB 6441—1986）中物体打击、车辆伤害、机械伤害、起重伤害、触电、淹溺、灼烫、火灾、高处坠落、坍塌、冒顶片帮、透水、放炮、火药爆炸、瓦斯爆炸、锅炉爆炸、容器爆炸、其他爆炸、中毒和窒息、其他伤害等 20 个事故分类为主线，明确涉及危险化学品单元的事故类型，按照涉及危险化学品的建构筑物、生产区域、生产线、设备设施（盛装容器、检测装置、应急处置装置）等从整体到局部识别单元中的能量源和能量载体。航天电子危险化学品第一类危险源的能量源和能量载体见表 4－4。

表 4－4　航天电子危险化学品第一类危险源的能量源和能量载体

序号	事故类型	能　量　源	能量载体
1	物体打击	产生物体落下、抛出、破裂、飞散的设备的动能与势能	落下、抛出、破裂、飞散的物体。例如，危险化学品搬运过程抓拿不稳导致脱手，气瓶搬运过程紧扣不足导致跌落
2	车辆伤害	车辆，使车辆移动的牵引设备、坡道	运动的车辆。例如危险化学品专用车辆出入危险化学品库（暂存间）

（续）

序号	事故类型	能　量　源	能量载体
3	触电	用电器电能	带电体。例如，危险化学品储存、使用场所布置有用电设备、设施，雷电过电压
4	灼烫	热源设备、加热设备、炉、灶、发热体的热能与化学品化学能	高温物体、高温物质、腐蚀物质。例如，硫酸、硝酸、氢氟酸、盐酸、氢氧化钾、磷酸、溴化氢、氯化硅、硝酸银均具有强腐蚀性，人体与其接触会造成化学灼烫
5	火灾	可燃物的热能	火焰、烟气。例如，用于发动机测试的煤油属于可燃物，一旦燃烧则会产生火焰、烟气。汇流排中氢气、乙醇、硅烷、氨气、二氟甲烷、氟甲烷等属于易燃化学品，遇明火、高热、静电等则会产生火焰、烟气
6	高处坠落	高差大的场所，人员借以升降的设备、装置的势能	人体。例如，维修危险化学品储存、使用场所的排风设备、设施而攀高时未能踩稳抓牢而跌落
7	火药爆炸	炸药化学能	火焰、烟气、碎片、冲击波。常见于军工危险化学品中的战斗部、引信、火工品，其在储存、运输、使用过程中受到热作用（环境温度超过火工品本身设计要求，外界火花、火焰、灼热桥丝等火源）、机械作用（运输中受到振动，搬运时失手坠落，药剂与器件之间的撞击、摩擦、针刺、挤压等）、电能作用（静电、雷电、射频）而造成的爆炸
8	容器爆炸	压力容器的物理压能	内容物（容器内储存的物质）、碎片、冲击波。例如，汇流排中应用气瓶、储气罐等储存高纯氩气、高纯氮气、高纯氨气、氢气、氧气、氮气，因气瓶、储罐本体缺陷，安全附件失效，保管和使用不当而造成气体以强气流冲击或容器爆炸
9	中毒和窒息	产生、储存、聚积有毒有害物质的装置、容器、场所的毒害性作用	有毒有害物质，例如，氰化金钾、液氯、三氟化氮、氢氟酸、氢氧化钾、硫化钠、氯化钡、三氯氧磷、氟化铵、一氧化碳、氟、氯化氢、四氟化硅、三氯氢硅、过硫酸钠、三氧化铬、苯酚、二氯苯等有毒有害物品或氮气、氦气、氩气、二氧化碳、三氯化硼等惰性气体在储存、使用场所与人接触，且达到最低容许浓度
10	其他伤害	不纳入上述情况时	例如，液氮储罐外露的金属管道温度较低，人体与其接触会造成冻伤；氟化铵对生态环境会造成破坏

对以上辨识情况，根据化学品性质、危害类型等进行汇总，完成危险源辨识的工作。

下面以 A 公司为例进行第一类危险源辨识分析如下：

(1) 收集、分析基础数据

A 公司共有两个独立的危险化学品储存、使用场所，每个场所的存放物料及最大存放量见表 4－5。

表 4-5　A公司危险化学品储存、使用场所的存放物料及最大存放量

序号	化学品名称	最大存放量	规格	备注
01 氢氧气站				
1	氢气	120 瓶	40L/瓶	氢气库
2	液氧	$0.7m^3$	1.1MPa	氧气库
02 化工库				
1	无水乙醇	600 瓶	500mL/瓶	1 号易燃品库房
2	甲醇	800 瓶	500mL/瓶	
3	丙酮	120 瓶	500mL/瓶	
1	盐酸	28 瓶	4L/瓶	2 号易腐蚀品库房
2	磷酸	28 瓶	4L/瓶	
3	氢氟酸	200 瓶	4L/瓶	
4	冰乙酸	300 瓶	500mL/瓶	
5	硫酸	600 瓶	1 加仑/瓶	
6	发烟硝酸	60 瓶	500mL/瓶	
7	硝酸	40 瓶	4L/瓶	
1	氨水	800 瓶	500mL/瓶	3 号易燃易腐蚀品库房
2	片碱（氢氧化钠）	50 袋	25kg/袋	
1	5%充氮磷烷	2 瓶	40L/瓶	4 号有毒气体库房
2	三氯化硼	1 瓶	47L/瓶	
3	二氯二氢硅	1 瓶	40L/瓶	
4	氨气	1 瓶	40L/瓶	
5	15%充氢磷烷	3 瓶	0.7L/瓶	
6	10%充氢砷烷	2 瓶	0.7L/瓶	
7	磷烷	1 瓶	1.35L/瓶	
8	三氟化硼	3 瓶	0.7L/瓶	
1	三氟甲烷	1 瓶	40L/瓶	5 号特种气体库房
2	四氟化碳	1 瓶	40L/瓶	
3	六氟化硫	1 瓶	40L/瓶	
4	八氟环丁烷	1 瓶	40L/瓶	
5	高纯氩气	4 瓶	40L/瓶	
6	高纯氮气	2 瓶	40L/瓶	
7	高纯氦气	4 瓶	40L/瓶	
8	硅烷	2 瓶	44L/瓶	
1	氰化金钾	5kg	—	6 号剧毒品库房

（2）梳理、明确涉及的危险化学品种类及危害

依据《危险化学品目录》（2015 版）可知在生产过程中涉及的危险化学品主要为氢气、乙醇、硅烷、丙酮、甲醇、氧气、三氯化硼、过氧化氢、硫酸、硝酸、氢氟酸、盐酸、磷酸等，对照各危险化学品的 MSDS 可以得知其对应的危险有害类别，具体见表 4－6。

（3）根据事故类型和危害辨识危险源

根据危险化学品的理化性质、危险性概述和急性毒性及其所在环境的特点、作业类型可知其导致的事故类型主要有火灾爆炸、容器爆炸、触电、中毒和窒息、灼烫与其他伤害等六类。

表 4－6　A 公司危险化学品清单

序号	名称	CAS 登记号	GHS 危险性类别/主要危害	备注
01 氢氧气站				
1	氢气	1333－74－0	易燃气体，类别 1	
2	液氧	7782－44－7	氧化性气体，类别 1	
02 化工库				
1	无水乙醇	64－17－5	易燃液体，类别 2	
2	甲醇	67－56－1	易燃液体，类别 2	
3	丙酮	67－64－1	易燃液体，类别 2	
4	盐酸	7647－01－0	第 8.1 类 酸性腐蚀品	
5	磷酸	7664－38－2	皮肤腐蚀/刺激，类别 1B；严重眼损伤/眼刺激，类别 1	
6	氢氟酸	7664－39－3	急性毒性——经口，类别 2；急性毒性——经皮，类别 1；急性毒性——吸入，类别 2	
7	冰乙酸	64－19－7	易燃液体，类别 3；皮肤腐蚀/刺激，类别 1A；严重眼损伤/眼刺激，类别 1	
8	硫酸	7664－93－9	皮肤腐蚀/刺激，类别 1A；严重眼损伤/眼刺激，类别 1	
9	发烟硝酸	52583－42－3	氧化性液体，类别 2；金属腐蚀物，类别 1；急性毒性，类别 3；皮肤腐蚀/刺激，类别 1A；严重眼损伤/眼刺激，类别 1	
10	硝酸	7697－37－2	氧化性，类别 3；皮肤腐蚀/刺激，类别 1A；严重眼损伤/眼刺激，类别 1	
11	氨水	7664－41－7	易燃气体，类别 2	
12	片碱（氢氧化钠）	1310－73－2	金属腐蚀物，类别 1；急性水生毒性，类别 3；皮肤腐蚀/刺激，类别 1A；眼损伤/眼刺激，类别 1	
13	5%充氮磷烷	7803－51－2	易燃气体，类别 1；急性毒性——吸入，类别 1；皮肤腐蚀/刺激，类别 1B；眼损伤/眼刺激，类别 1	
14	三氯化硼	10294－34－5	急性毒性——经口，类别 2；急性毒性——吸入，类别 2	

（续）

序号	名称	CAS登记号	GHS危险性类别/主要危害	备注
02化工库				
15	二氯二氢硅	4109—96—0	易燃气体，类别1；急性毒性——吸入，类别3；皮肤腐蚀/刺激，类别1B；眼损伤/眼刺激，类别1	
16	氨气	7664—41—7	易燃气体，类别2	
17	15%充氢磷烷	1333—74—0	易燃气体，类别1	氢
18	10%充氢砷烷	1333—74—0	易燃气体，类别1	氢
19	磷烷	7803—51—2	易燃气体，类别1；急性毒性——吸入，类别1；皮肤腐蚀/刺激，类别1B；眼损伤/眼刺激，类别1	
20	三氟化硼	7637—07—2	压力下气体；急性毒性——吸入，类别2；皮肤腐蚀/刺激，类别1A；严重眼损伤/眼刺激，类别1	
21	三氟甲烷	75—46—7	特异性靶器官毒性——一次接触，类别3（麻醉效应）	
22	四氟化碳	75—73—0	能引起快速窒息，接触后可引起头痛、恶心和呕吐	
23	六氟化硫	2551—62—4	特异性靶器官毒性——一次接触，类别3（麻醉效应）	
24	八氟环丁烷	115—25—3	若遇高热，容器内压增大，有开裂和爆炸的危险。燃烧（分解）产物为氟化氢	
25	高纯氩气	7440—37—1	普通大气压下无毒。高浓度时，使氧分压降低而发生窒息。氩浓度达50%以上时，可出现严重症状；氩浓度达75%以上时，可在数分钟内死亡。当空气中氩浓度升高时，先出现呼吸加速，注意力不集中，共济失调。继之，出现疲倦乏力、烦躁不安、恶心、呕吐、昏迷、抽搐，以致死亡。液态氩可致皮肤冻伤，眼部接触可引起炎症	
26	高纯氮气	7727—37—9	空气中氮气含量过高，使吸入气氧分压下降，引起缺氧窒息。吸入氮气浓度不太高时，患者最初感到胸闷、气短、疲软无力；继而烦躁不安、极度兴奋、乱跑、叫喊、神情恍惚、步态不稳，称为“氮酩酊”，可进入昏睡或昏迷状态。吸入高浓度，患者可迅速昏迷，因呼吸和心跳停止而死亡。潜水员深潜时，可发生氮的麻醉作用；若从高压环境下过快转入常压环境，体内会形成氮气气泡，压迫神经、血管或造成微血管阻塞，发生“减压病”	
27	高纯氦气	7440—59—7	本品为惰性气体，高浓度时可使氧分压降低而有窒息的危险。当空气中氦浓度升高时，患者先出现呼吸加快、注意力不集中、共济失调；继之出现疲倦无力、烦躁不安、恶心、呕吐、昏迷、抽搐，以致死亡	
28	硅烷	7803—62—5	易燃气体，类别1	
29	氰化金钾	14263—59—3	剧毒品	

1）易燃化学品有氢气、乙醇、硅烷、丙酮、甲醇、氨气、冰乙酸等，具有导致火灾的能力。

2）助燃化学品有氧气、三氯化硼、过氧化氢，具有导致火灾扩大的能力。

3）有毒有害物品有氰化金钾、氢氟酸、发烟硝酸、磷烷、5%充氮磷烷、三氯化硼、二氯二氢硅、三氟化硼、四氟化碳、六氟化硫等，具有让人员中毒的能力。

4）惰性气体有氮气、氦气、氩气、三氯化硼等，具有使人员窒息的能力。

由于上述大部分危险化学品储存于气瓶、储气罐中，容器发生爆炸后均能产生冲击波、碎片等能量载体，且在储存和使用过程中均会应用到电气设备设施，发生触电风险较大。

4.2.2　第二类危险源辨识

在科研生产活动中，涉及危险化学品的建（构）筑物新建、改建、扩建，或生产线的设计、使用、维护、保养、报废，或在项目（生产线）运行期间涉及危险化学品的盛装容器、检测装置、应急处置装置、使用场所、管理要求及相关人员的能力、意识等各种因素，均为是否产生第二类危险源的关键所在。根据长期的事故统计分析可知，由于涉及危险化学品的科研生产活动中人、物、环、管等各环节造成人员伤亡或职业病、财产损失、环境破坏或其他损失为满足相应客观规律的随机现象，因此，可以通过系统安全评价方法辨识人的不安全行为、物的不安全状态、环境的不安全因素、管理的缺陷并定性或定量分析风险。具体如下：

1）针对危险化学品的使用、储存场所及其建（构）筑物单元、管理单元通过安全检查表（SCL）的方法进行辨识。即依照《工业企业总平面设计规范》（GB 50187—2012）、《工业企业设计卫生标准》（GBZ 1—2010）、《建筑设计防火规范》（2018 年版，GB 50016—2014）、《生产过程安全卫生要求总则》（GB/T 12801—2008）、《仓库防火安全管理规则》等规章、标准的要求对总平面布局、作业区域划分、耐火等级、防火间距、安全出口的数量和间距等进行判定。如果满足要求则不列为危险源；若不满足要求则可认定为存在导致生产安全事故的风险，即可认定为危险源。

2）以工艺单元进行危险源评价时，可在了解工艺单元设计意图、掌握各工艺参数的基础上，通过危险性与可操作性研究（HAZOP）对工艺、工序、工步进行审查，对可能出现的偏离（Deviation）、偏离的原因、偏离的后果及拟采取的措施进行分析，形成《工艺危险性与可操作性研究清单》，并将清单中的可能发生事故后果的原因认定为危险源。

3）针对输送系统，特别是具有高安全性要求的输送系统，可以通过事件树（ETA）的方式进行系统的安全性分析，得出可能出现事故或故障的情形。若得知相关控制阀（表）等的可靠度，则能够分析系统发生故障或导致事故的可能性。将导致事故或故障的根本原因列入危险源。

4）针对较为复杂的关键系统，可以通过故障树（FTA）查找事故模式及其危险程度。若得知系统中各基本事件的发生概率，则可以量化事故发生概率。可将导致事故发生的基本事件列入危险源。

在日常实践中，通常将项目（生产线）的立项、设计、建造、试运行、验收、使用、维护（保养）、改（扩）建、报废进行阶段分级管理，常见的有涉及危险化学品的新、改、扩建项目安全设施、职业病危害防护设施“三同时”管理，更有结合当前实际开展了危险化学品储存使用场所样板间建设工程，开展了智能化技术在危险化学品日常管理的应用研究。根据航天电子各单位的科研生产活动分析可知，危险化学品的储存、使用过程的危险源辨识与评价是危险化学品安全生产管理的要点，因此，将涉及危险化学品所在区域的厂（所）平面图、厂（所）地址、建（构）筑物、工艺、设备（设施、装置）等作为主要内容是全面、系统判定危险源的基础。

除按照产业规划、能力建设、隐患整改等涉及新、改、扩建项目严格执行“三同时”要求外，在进行航天电子行业的危险源辨识实践中，也要综合考虑起因物、致害物、环境变化、人员活动、伤害方式、伤害部位、伤害类型等因素，通过询问交谈、现场观察、记录查阅、信息获取、日常检查、专项整治、安全生产标准化评审等方式，统筹事件可能发生的后果，危险源的“三种时态”“三种状态”，通过对涉及危险化学品所处的部位、所涉及的作业类型，采用对应系统安全分析方法识别出主要的第二类危险源。

航天电子涉及危险化学品的第二类危险源一般主要体现在以下方面：

1）物的不安全状态：危险化学品库（暂存间）电气设施、储存设施、防护设施不符合要求，危险化学品使用场所电气设施、工装设备不符合要求。

2）人的不安全行为：危险化学品使用场所、存储场所人员防护不符合要求，危险化学品使用、管理人员对危险化学品管理要求执行不到位。

3）环境的不安全因素：危险化学品“一书一签”、危险废弃物标识不符合要求，现场储量超规定量、存放不规范，危险化学品使用存储现场风险告知不全、不正确。

4）管理的缺陷：库房（暂存间）出入库登记不清或无登记，危险化学品全流程风险排查管控不规范、不深入，危险化学品存量规定无依据或不符合管理要求。具体辨识可参考表 4－7 进行。

表 4－7　航天电子危险化学品常见的第二类危险源清单

序号	场所	危险源类别	危险源名称	作业环节	控制措施
1	危险化学品储存场所/特气库/危废暂存间	物的不安全状态	电路防火防爆不到位、静电导消不及时或者电路绝缘破损等产生电火花或能量源	储存	通过定期检测、日常作业前检查等方式确认现场防火、防爆、防雷、防静电、防盗装置状态，发现问题及时处理
		人的不安全行为	1）人员未正确穿戴劳动防护用品，作业时未按规定作业 2）人员在相关区域违规使用明火或随意丢弃烟头等	储存	1）清理周围环境，禁止烟火，避免引入火源 2）加强日常安全检查，定期开展隐患排查，及时消除隐患，纠正不安全行为 加强人员日常作业安全教育培训和安全意识警示提示 3）完善应急处置预案，确保应急物资齐全完好，定期进行应急演练，不断提高应急处置能力
		环境的不安全因素	现场通风不足造成易燃性、可燃性挥发物质积聚	储存	通过定期检测、日常作业前检查等方式确认现场通风装置状态，发现问题及时处理

（续）

序号	场所	危险源类别	危险源名称	作业环节	控制措施
1	危险化学品储存场所/特气库/危废暂存间	管理的缺陷	1）化学品储存不当，危险品泄漏 2）禁忌特性的化学品未保持足够的安全距离 3）泄漏回收盘、围堰等失效，未配备隔膜泵、铁锹、废物桶等回收处理工具 4）未及时处理危险废物，导致超量存放	储存	1）明确责任人、限量及种类，制定并执行管理办法、安全操作规程 2）如实、及时形成出入库、领用记录 3）现场定置管理、正确张贴危险废物标识，区域干净整洁，保持足够的安全距离 4）按照危险废物特性分类储存，建立台账，及时联系专业机构对危险废物进行转移处置，危险废物移交转移手续齐全、保存完好 5）完善应急处置预案，确保应急物资齐全完好，定期进行应急演练，不断提高应急处置能力
2	氢气、氧气等特气供应间	物的不安全状态	管道破损或阀门松动造成气体泄漏，排风装置、气体检测报警装置、备用UPS电源失效，急停开关（EMO）未能正常动作	生产辅助	1）泄爆方向安全合理，定期对系统进行日常检查与维护，确保现场防雷、耐火等级、遮阳、隔热、通风、防爆、接地、气体检测报警装置、气柜的急停开关良好 2）现场实施定置管理，标志标识齐全正确，特气供应间定员、气瓶定量，特气操作实行双人双岗；气瓶架、气瓶柜均有独立可靠的电源 3）定期开展隐患排查与治理，及时消除隐患，纠正不安全行为 4）完善现场应急处置方案，定期进行应急演练，确保应急物资齐全完好
3	洁净间（室）	物的不安全状态	管道破损，气体检测报警装置故障，现场电气防爆敷设不到位	生产辅助	1）根据气体物理化学性质，定期对系统进行日常检查与维护。重点有排风、防火、防爆、防静电、防室外气流倒灌功能的良好性，泄漏浓度报警装置、氧浓度检测报警装置的可靠性，设置应急电源 2）作业人员遵守安全操作规程，掌握应急处置措施，发生紧急情况时听从统一指挥、安全有序撤离
4	刷漆清洗区	物的不安全状态	现场电路绝缘破损	清洗	作业必须在通风柜内进行，且通风柜运行良好、接地可靠，静电导消装置可靠，远离火种、热源
5		人的不安全行为	人员在使用过程中未按要求开启通风装置、佩戴口罩和防静电手环等劳动防护用品，未按规范放置聚氨酯清漆、酒精等。作业结束后人员未能及时清理现场，回收危险化学品、危险废物造成物质挥发出甲苯、二甲苯等有毒、有害物质	清洗	1）危险化学品严格定置管理，如实留存领用、回收、废弃等记录 2）严格遵守操作规程，正确穿防静电工作服、戴安全防护眼镜 3）配备相关急救设施及急救药品

（续）

序号	场所	危险源类别	危险源名称	作业环节	控制措施
6	电镀工作区	物的不安全状态	1）电镀槽、通风管道采用聚丙烯材料 2）电镀槽加热不当易引起干烧 3）电气设备在潮湿环境下发生过载、短路、漏电 4）行车上人体易接触部位未设置有防护功能的安全连锁开关 5）氰化槽未加盖上锁	电镀	1）生产现场布局合理，通过技术手段确保电镀槽具有防干烧、耐腐蚀、耐高温的功能，布置液位计 2）电气设备安装短路保护、过载保护、接地故障保护和漏电保护装置，定期检查其腐蚀情况、接地绝缘、电路老化破损 3）行车设置脱钩的钩口闭锁、声光报警、极限保护、安全防护装置，定期检查其可靠程度 4）现场张贴正确的警示告知标识，无关人员严禁进入电镀区
7	剧毒品库	人的不安全行为	1）操作人员未按规定佩戴头罩型电动送风过滤式防尘呼吸器、穿连衣式胶布防毒衣、戴橡胶手套 2）人员在搬运或分装领用过程中操作不当，导致容器破损	储存	1）按规定穿戴劳动防护用品并定期检查其完好性，指导人员正确使用劳动防护用品 2）加强监督检查，及时消除隐患，纠正不安全行为
		环境的不安全因素	1）现场排风装置故障，导致通风不良 2）库房防晒措施失效，库内温度过高 3）库房防潮措施失效 4）库房与火种、热源安全距离不足	储存	1）视频监控、防盗等技术防范措施和排风、防晒、防潮、温控等设备设施完好有效、措施执行到位 2）严格执行现场定置管理要求，认真落实管理制度各项要求
		管理的缺陷	1）库房内存放氧化剂、酸类等禁忌类化学品 2）未落实“五双”管理制度 3）操作人员未持证上岗或经培训后考核未通过 4）未配备泄漏应急收容材料或未能正确进行泄漏收容	储存	1）严格执行危险点、“五双”和现场定置管理要求，认真落实管理制度各项要求，严格按照操作规程进行操作 2）加强教育培训与考核，不断提升剧毒品储存间保管工安全意识和安全知识 3）完善应急处置预案，确保应急物资齐全完好，定期进行应急演练，不断提高应急处置能力
8	电装间（区）	人的不安全行为	人员在使用时、使用后未能及时将分装的酒精棉球、松香水瓶放置在固定区域。使用中将酒精滴洒在工位且清理不彻底。未及时将工位的手持电动工具断电且距离酒精棉球、松香水瓶较近	电装	1）作业人员需持证上岗，执行区域管理要求和工具安全操作规程，掌握初期火灾处置措施 2）工作区防静电、接地措施到位 3）工作台实行定置管理，酒精、松香水分装在容器内，容器上张贴安全标签 4）工作后清理桌面，关闭电器、工具电源

（续）

序号	场所	危险源类别	危险源名称	作业环节	控 制 措 施
9	湿法清洗间	人的不安全行为	人员在使用过程中未按要求开启通风装置、佩戴护目镜和耐酸碱手套等劳动防护用品，未按规定放置酸碱，使用过程中遗洒，作业结束后人员未能及时清理现场	清洗	1）危险化学品严格定置管理，如实留存领用、回收、废弃等记录 2）作业必须在通风柜内进行，且通风柜运行良好、接地可靠 3）严格遵守操作规程，正确佩戴安全防护眼镜、耐酸碱手套 4）配备相关急救设施及急救药品
10	喷漆间	人的不安全行为	在喷漆过程中，人员未按规定泄放静电、佩戴防毒面具（口罩）或防护设施失效	喷漆	1）定期对作业场所通风设施、消防设施、防火防爆设施、静电防护设施等的巡检和保养 2）作业现场油漆存量为当班用量 3）作业人员正确穿防静电工作服，戴防护手套，佩戴护目镜，佩戴防毒、防粉尘面具/口罩，严格执行设备安全操作规程 4）制定现场应急处置方案，定期组织开展应急演练
11		环境的不安全因素	喷漆房通风不良	喷漆	禁止火源、热源，通过定期检测、日常作业前检查等方式确认现场通风装置状态，发现问题及时处理
12	电镀工作区	人的不安全行为	1）镀金溶液废液保存不当 2）在配制法兰溶液、脱脂溶液、酸洗溶液时未按规定开展作业 3）作业人员未按规定正确穿戴劳动防护用品，劳动防护用品破损或过期	电镀	1）生产现场定置管理，电镀化学溶液根据性能分区、分类存放在专用存储柜内 2）现场张贴正确的警示告知标识，无关人员严禁进入电镀区 3）作业人员穿化学品防护服和胶靴，戴耐酸碱手套，佩戴护目镜和防护口罩，严格遵守安全操作规程，掌握应急处置措施 4）搬运溶液前确保外包装完好，搬运时轻拿轻放 5）配制溶液时缓慢加入溶剂，及时填写记录和溶液分析记录
		环境的不安全因素	1）氰化槽与酸槽相邻或背靠设置、镀后清洗槽与酸槽未分开设置、氰化物槽与酸槽排风合用会产生氰化氢 2）现场通风不畅导致镀槽液面氢气集聚	电镀	1）生产现场布局合理，通过定期检测、日常作业前检查等方式确保通风装置按规定设置并运行良好 2）现场张贴正确的警示告知标识，无关人员严禁进入电镀区
13	生产场所、危险化学品储存场所	环境的不安全因素	超限量存放、不分类存放，通风接地设施不满足要求，浓度过高，遇明火、遇静电发生火灾、爆炸	储存	1）现场定置管理，区域干净整洁，保持足够的安全距离 2）将危险化学品按照特性分类放置在防爆柜、酸碱柜中，暂存柜接地，保持通风良好，顶部、周边无杂物 3）严格控制储存量，不超过三日用量 4）取用遵守安全操作规程，如实记录出入、使用台账，加强日常安全检查，及时消除隐患

下面仍以 A 公司为例开展第二类危险源的辨识。

首先，我们将危险源辨识单元划分为两个，分别为危险化学品储存场所、气体储存作业场所；其次，通过安全检查表（SCL）分别对危险化学品储存场所开展第二类危险源辨识，通过预先危险分析（PHA）对气体储存作业场所进行第二类危险源辨识；最后，明确识别出第二类危险源并纳入危险源清单。

1）根据单元内适用的法律法规、标准规范，采用安全检查表对本项目危险化学品储存场所开展第二类危险源辨识，对其中不符合要求的项目进行统计，并筛选出典型不符合项，示例见表 4－8。

表 4－8　A 公司储存场所典型不符合项示例

序号	检查内容	检查依据	检查结果	结论
1	有爆炸危险、火灾危险的房间或区域内的电气设施应符合现行《爆炸危险环境电力装置设计规范》GB 50058—2014 的有关规定	GB 50030—2013 第 8.0.2 条 GB 50177—2005 第 8.0.2 条	化工库的房间门未进行防静电跨接，氢气库、氧气库气瓶间门未进行跨接	不符合要求
2	压力表刻度盘上标有最高工作压力红线，装设在压力表和压力容器之间的三通旋塞阀或者针形阀应有开启标识和锁紧装置	QJ 20827.15 第 15.6.3 条	氢气库、氧气库液氮区部分压力表无红线指示标识	不符合要求
3	管子及其组成件（阀门、法兰、膨胀节）无泄漏、腐蚀、裂纹，管道绝热层无破损、脱落、跑冷现象，防腐蚀完好	QJ 20827.15 第 15.7.2 条	液氮管道多处保温层破损	不符合要求
4	空、实瓶应分开存放，在用气瓶和备用气瓶应分开存放，设置明显标识，并有有效的防倾倒措施；焊接绝热气瓶、溶解气体气瓶储存时，应保持直立	QJ 20827.15 第 15.8.2 条	化工库 5 号特种气体库房内的气瓶未采取防倾倒措施	不符合要求
5	酸库应采用耐酸地面，并设置防止泄漏溢流措施	QJ 20827.7 第 7.10.1 条	化工库易腐蚀品库房内物品放在地面上，无托盘	不符合要求
6	安全警示标志齐全	QJ 20827.7 第 7.12.2 条	化工库部分标识牌显示错误，如甲醇为易燃液体，标识牌标识为腐蚀	不符合要求
7	安全用具完好，清洁干净，存放在通风干燥处，防止潮湿，在检验周期内使用，有定期检测记录	QJ 20827.17 第 17.1.2 条	氢氧气库的绝缘地垫未见检验标识	不符合要求
8	在生产中可能突然逸出大量有害物质或易造成急性中毒或易燃易爆的化学物质的室内作业场所，应设置事故通风装置及与事故排风系统相连锁的泄漏报警装置	QJ 20827.2 第 2.1.2 条	化工库 1 号易燃品库房的可燃气体浓度报警仪未和风机联动	不符合要求

2）在气体储存作业场所中，通常用储气罐和气瓶进行气体储存。储气罐主要包括氧气罐和氮气罐。气瓶主要包括氢气瓶、氩气瓶、氮气瓶和氦气瓶等。针对气体储存作业场所，应用预先危险性分析对该单元中的气瓶与储气罐本体、场所、气瓶与储气罐的内容物、电气设备设施、环境的温度和湿度、人员资质、压力表、安全阀、管道线路、视频监控系统、个体防护装置、气体检测报警系统、通风系统等进行全面审查，通过对照危险源的分级情况来对识别出的危险源进行排序。通常将危险源分为 4 级：Ⅰ级——安全，可以忽略；Ⅱ级——临界，应该注意；Ⅲ级——危险，必须控制；Ⅳ级——灾难，立即消除。具体分析过程见表 4－9。

表 4－9　A 公司气体储存作业场所单元预先危险性分析

事故类别	触发事件	形成事故的原因	事故后果	危险源等级
火灾爆炸	1）氧气罐、氮气罐以及氢气瓶、氩气瓶、氮气瓶、氦气瓶等多种气瓶损坏或超压、破裂造成加压气体泄漏 2）电气设备负载、绝缘损坏造成相间短路、接地不良产生大量热 3）私接乱拉临时用电线路，电气绝缘损坏、老化造成电气短路，打火	1）储气罐、气瓶压力过高可产生加压气体泄漏 2）发生瓶倒，可产生钢瓶损坏，气体泄漏 3）保管不善，瓶体受到严重腐蚀，或受到阳光暴晒、明火、热辐射等作用 4）搬运装卸时，气瓶从高处坠落、倾倒或滚动，发生剧烈碰撞冲击和倒置现象	人员伤亡 财产损失	Ⅲ级
容器爆炸	1）储气罐、气瓶超压，安全阀、压力表失效，致使压力超过瓶体强度极限而发生爆炸 2）储气罐、气瓶锈蚀严重或达到设计报废标准	1）安全阀、压力表失效 2）充装时储气罐、气瓶温度过高、充气压力过大或遇到高热 3）罐体、瓶体质量不好或锈蚀严重等	人员伤亡 财产损失	Ⅲ级
触电	用电设备触电 电气设备绝缘损坏、老化造成电气设备短路、设备故障、防漏电保护装置失效等	人员接触带电线路	人员 伤亡	Ⅲ级
	雷电 1）建筑物未按照规范设置防雷设施或防雷类别不能满足建筑物的防雷要求 2）避雷接地电阻不能满足规范要求或未定期进行接地检测	建筑物遭受雷击	人员伤亡、 建筑物 损坏	Ⅲ级
	静电 1）人员运动的静电 2）静电电压达 2kV 以上	氢气瓶、乙炔瓶、氧气瓶接地不良	人员 伤亡	Ⅲ级

（续）

事故类别	触发事件	形成事故的原因	事故后果	危险源等级
中毒或窒息	1）气体泄漏逸入作业环境 2）作业场所无排风设施或排风设施不良	1）浓度超标 2）通风不良 3）未戴防护用品，防护用品选型不当或使用不当 4）作业时无人监护	人员受伤	Ⅱ级
其他伤害	1）液氮储罐外露的金属管道温度过低 2）液氮储罐外露的金属管道保温棉破损或设备防护装置缺陷 3）液氮储罐操作人员未按照操作规程穿戴劳动防护用品 4）液氮储罐操作人员意外触及设备低温部位	操作人员触及低温状态物体	人员受伤	Ⅰ级

综上所述，通过安全检查表发现的 8 项典型不符合项均为第二类危险源，通过预先危险性分析发现的Ⅱ级、Ⅲ级危险源的触发事件也均为第二类危险源。

4.3 风险评价

风险评价是对单元中的风险等级、可接受程度进行客观评价。在进行风险评价时，主要是对事故发生概率（可能性）、事故影响（严重性）两个方面进行分析；首先，选用适用的评价方法；其次，通过对照该单元的安全生产工作目标，按照评价结果对照相应系统安全评价方法的可接受准则明确危险程度，未明确可接受准则的参照 ALARP（As Low As Reasonably Practicable）原则、结合评价单元的实际来明确危险程度，确定风险等级。在风险评价过程中，通常需要确定的因素主要是事故发生的概率（可能性）和事故影响（严重性）。

4.3.1 事故发生的概率

事故发生的概率是单位时间内发生的事故次数，通常表示为

$$事故发生的概率=事故发生次数/活动进行时间$$

假设将某企业两次事故之间的间隔时间定为无事故时间，以某次事故发生后的瞬间作为初始时刻，到 t 时刻发生事故的概率记为 $F(t)$，不发生事故的概率记为 $R(t)$，事故发生率函数记为 $\lambda(t)$，则自初始时刻到 t 时刻事故发生的概率为

$$F(t)=1-R(t)=1-\mathrm{e}^{-\int_0^t \lambda(t)\mathrm{d}t}$$

当事故发生率为常数，即 $\lambda(t)=\lambda$ 时，事故发生概率 $F(t)$ 符合指数分布，一定时间间隔内事故发生次数 $N(t)$ 服从泊松分布，平均无事故时间（平均事故间隔时间）记为 θ，则

$$F(t)=1-R(t)=1-\mathrm{e}^{-\lambda t}$$

$$\theta = \frac{1}{\lambda}$$

此时，从 $t=0$ 到 t 时刻发生 n（$n=0$，1，2…）次事故的概率为

$$P_n(t) = \frac{(\lambda t)^n}{n!} e^{-\lambda t}$$

事故发生概率（可能性）的维度，一般在千人死亡率、千人重伤率、伤害频率等伤亡事故频率和损失工作日等指标中予以体现，可以通过回归预测法、马尔可夫链预测法等方法来进行事故发生趋势的预测。针对基础数据难以获得的系统（单元），也可以通过韦布尔分布进行预测分析。

4.3.2　事故影响（严重性）

事故影响（严重性）可以通过建立数学分析模型明确泄漏、扩散以及火灾、爆炸、中毒事故造成的人员伤亡、财产损失情况，火灾（常分为池火、喷射火、火球、闪火）可以通过计算热辐射，以确定影响范围，爆炸可以通过冲击波影响半径和碎片飞散速度、角度与打击深度来确定影响范围。

有毒物质泄漏可以根据泄漏性质（连续泄漏、瞬时泄漏）及泄漏物质的性质、浓度，人员接触毒物的时间、风速、周围地形等来明确致死区、重伤区、轻伤区、吸入反应区等危险区域，在实际过程中可以通过计算机软件来进行针对性分析。

4.3.3　常见风险评价方法的应用

4.3.3.1　风险矩阵分析法（RAC 法）及其应用

风险矩阵分析法是通过同类或类似系统（单元）的安全生产管理经验来从事故发生的可能性和事故后果程度两个维度来明确目标系统（单元）的安全生产风险等级，具体见表 4－10。

表 4－10　风险矩阵分析法

事故发生的可能性	
可能性等级	说　明
A	很可能
B	可能，但不经常
C	可能性小，完全意外
D	很不可能，可以设想
E	极不可能
事故后果严重程度	
严重度等级	说　明
Ⅰ	灾难，可能发生重特大事故
Ⅱ	严重，可能发生较大事故
Ⅲ	轻度，可能发生一般事故
Ⅳ	轻微，可能发生人员轻伤事故

（续）

事故发生的可能性				
风险判定说明				
可能性	严重程度			
	Ⅰ（灾难）	Ⅱ（严重）	Ⅲ（轻度）	Ⅳ（轻微）
A	重大风险	重大风险	较大风险	一般风险
B	重大风险	重大风险	较大风险	一般风险
C	重大风险	较大风险	一般风险	低风险
D	较大风险	一般风险	一般风险	低风险
E	一般风险	一般风险	一般风险	低风险

继续以 A 公司为例，将表 4－9 中触发事件一列看作各类危险源，通过风险矩阵分析法对气体储存作业场所单元的各类危险源进行风险评价，具体见表 4－11。

表 4－11　气体储存作业场所单元的各类危险源风险评价

序号	危险源名称	危险源导致事故发生的可能性	危险源导致事故的严重程度	风险等级
1	氧气罐、氮气罐以及氢气瓶、氩气瓶、氮气瓶、氦气瓶等多种气瓶损坏或超压、破裂造成加压气体泄漏	D	Ⅲ	一般风险
2	电气设备负载、绝缘损坏造成相间短路、接地不良产生大量热	C	Ⅲ	一般风险
3	私接乱拉临时用电线路，电气绝缘损坏、老化造成电气短路，打火	D	Ⅲ	一般风险
4	储气罐、气瓶超压，安全阀、压力表失效，致使压力超过瓶体强度极限而发生爆炸	D	Ⅱ	一般风险
5	储气罐、气瓶锈蚀严重或达到设计报废标准	E	Ⅲ	一般风险
6	电气设备绝缘损坏、老化造成电气设备短路、设备故障、防漏电保护装置失效等	D	Ⅲ	一般风险
7	建筑物未按照规范设置防雷设施或防雷类别不能满足建筑物的防雷要求	E	Ⅳ	低风险
8	避雷接地电阻不能满足规范要求或未定期进行接地检测	E	Ⅳ	低风险
9	人员运动的静电	C	Ⅳ	低风险
10	静电电压达 2kV 以上	D	Ⅳ	低风险
11	气体泄漏逸入作业环境	D	Ⅳ	低风险
12	作业场所无排风设施或排风设施不良	D	Ⅲ	一般风险
13	液氮储罐外露的金属管道温度较低	B	Ⅳ	一般风险
14	液氮储罐外露的金属管道保温棉破损或设备防护装置缺陷	D	Ⅳ	低风险

（续）

序号	危险源名称	危险源导致事故发生的可能性	危险源导致事故的严重程度	风险等级
15	液氮储罐操作人员未按照操作规程穿戴劳动防护用品	C	Ⅳ	低风险
16	液氮储罐操作人员意外触及设备低温部位	C	Ⅳ	低风险

4.3.3.2 生产作业条件危险性评价法（LEC 法）及其应用

生产作业条件危险性评价法是对生产作业单元进行的危险性评价方法，包含人员、设备设施、原辅材料、信息交流等基本要素。该方法由格雷厄姆（K. J. Graham）和金妮（G. F. Kinney）提出，将发生事故的可能性、人员暴露于危险环境的频繁程度和事故后果严重程度作为影响生产作业条件危险性的因素，分别选取各因素的数值并按照$D=L \cdot E \cdot C$来计算生产作业条件的危险性分数，具体见表 4 - 12。

表 4 - 12　生产作业条件、危险性分析法

发生事故的可能性（L）	
分数值	事故发生的可能性
10	完全会被预料到
6	相当可能发生
3	不经常，但可能发生
1	完全意外，极少可能发生
0.5	可以想象，但高度不可能发生
0.2	极不可能发生
0.1	实际上不可能发生
人员暴露于危险环境的频繁程度（E）	
分数值	暴露于危险环境的频繁程度
10	连续暴露于潜在危险环境
6	每日在工作时间暴露
3	每周一次偶然暴露
2	每月暴露一次
1	每年几次暴露于潜在的危险环境
0.5	非常罕见的暴露
事故后果严重程度（C）	
分数值	发生事故产生的后果
100	大灾难，多人死亡
40	灾难，数人死亡
15	非常严重，一人死亡
7	严重，严重伤害
3	重大，致残

（续）

<table>
<tr><th colspan="3">事故后果严重程度（C）</th></tr>
<tr><th>分数值</th><th colspan="2">发生事故产生的后果</th></tr>
<tr><td>1</td><td colspan="2">引人注目，需要救护</td></tr>
<tr><th colspan="3">风险判定说明（D）</th></tr>
<tr><th>分值</th><th>危 险 程 度</th><th>风险等级</th></tr>
<tr><td>＞320</td><td>极其危险，不可能继续作业</td><td rowspan="2">重大风险</td></tr>
<tr><td>＞160～320</td><td>高度危险，要立即整改</td></tr>
<tr><td>＞70～160</td><td>显著危险，需要整改</td><td>较大风险</td></tr>
<tr><td>＞20～70</td><td>一般危险，需要注意</td><td>一般风险</td></tr>
<tr><td>⩽20</td><td>稍有危险，可以接受</td><td>低风险</td></tr>
</table>

继续以 A 公司为例，将表 4－8 中检查结果一列看作各类危险源，通过生产作业条件危险性评价法对危险化学品储存场所单元的各类危险源进行风险评价，具体见表 4－13。

表 4－13　危险化学品储存场所单元的各类危险源风险评价

序号	危险源名称	发生事故的可能性	人员暴露于危险环境的频繁程度	事故后果严重程度	风险等级
1	化工库的房间门未进行防静电跨接，氢氧气库气瓶间门未进行跨接	3	6	7	较大风险
2	氢氧气库液氮区部分压力表无红线指示标识	1	3	3	低风险
3	液氮管道多处保温层破损	3	3	1	低风险
4	化工库 5 号特种气体库房内的气瓶未采取防倾倒措施	0.5	3	3	低风险
5	化工库易腐蚀品库房内物品放在地面上，无托盘	0.5	3	3	低风险
6	化工库部分标识牌显示错误，如甲醇为易燃液体，标识牌标识为腐蚀	1	3	3	低风险
7	氢氧气库的绝缘地垫未见检验标识	3	3	3	一般风险
8	化工库 1 号易燃品库房的可燃气体浓度报警仪未和风机联动	3	3	7	一般风险

4.4　风险控制

根据风险评价结果，应针对不同级别的风险实施分级控制，针对单元中的低风险，通常可以在日常监督检查工作中进行提醒，而不必进行重点关注。

针对单元中的一般风险，应该根据风险产生的深层次原因，如物的不安全状态类的危险源导致的风险，可以利用冗余、能量限制等思路，在电气设备选型与配置上消除电气设备负载、漏电保护装置失效等危险源，以降低相关安全生产风险。同时，在日常管理中，通过建立专用规程或在规程中增加控制要求、增加管理措施等实施控制。如在专用规程中明确“开、关阀门不要过快、过急”等安全要求，选定有制造储气罐、气瓶资质的单位生产的合格产品，开展气瓶储存及使用的专项培训等，强化对该类安全生产风险的管控。

针对单元中的较大风险，结合单元所处的阶段，应制订专项控制计划实施控制。综合应用安全技术、安全教育、安全管理三类手段，依次采用通过设计消除危险（本质安全化），通过设计降低事故风险，应用安全装置，提供报警装置，设置安全标识、制定专用规程、开展专项培训、采用个体防护用品等来降低事故发生的可能性或控制事故后果的影响。

第 5 章 航天电子常用危险化学品使用现场管理要求

本章依据危险化学品使用场所的有关标准，结合航天电子产品研制过程中使用危险化学品量小、品种多、使用环节多、储存场所分散的特点，对危险化学品使用、储存场所（包括暂时储存场所）的设施、环境和管理要求进行了论述。

5.1 储存设施及环境要求

5.1.1 建筑物

1）储存间防火等级应符合《建筑设计防火规范》（2018 年版）（GB 50016—2014）相关要求。

2）储存间应设置防雷设施，并符合《建筑物防雷设计规范》（GB 50057—2010）的相关要求。

3）储存间应布局合理，对有爆炸危险的储存场所宜独立设置，并设置泄压设施。

4）根据储存的危险化学品特性的不同，储存间的门应采用具有防爆、防火、防腐、防静电、不产生火花等性能的单一或复合材料制成；门应向疏散方向开启；门合页与门框应跨接，消除静电，如图 5-1 所示。

图 5-1 储存间门的要求

5）储存间宜设置底部窗沿大于 1.8m 的高窗，并安装防护铁栏，窗户应设置避光和防雨措施，如图 5－2 所示。

图 5－2　储存间窗户的要求

6）地面应防潮、平整、坚实、易于清扫、不产生火花。

7）储存腐蚀性危险化学品场所的地面、踢脚应防腐。

5.1.2　电气设施

1）根据危险化学品特性，储存间内的照明、事故照明设施、排风、空调、输配电电路等应具有防火、防腐和防爆等性能，并可靠接地，如图 5－3 所示。

2）储存间的照明和电气设备的配电箱及开关应设置在房间外。

3）储存间应设置防静电设施，并定期检测。

图 5－3　防爆电器

5.1.3　暖通设施

1）储存间应优先采用自然通风，确需采用机械通风的，通风管应采用非燃烧材料制作；通风管道不宜穿过防火墙等防火分隔物，如必须穿过时，应用非燃烧材料分隔。

2）储存间取暖温度不应过高，热水取暖不应超过 80℃，不得使用蒸汽取暖和机械取暖；取暖管道和设备的保温材料必须采用非燃烧材料。

5.1.4 储存设施

5.1.4.1 危险化学品储存柜

1）储存间内应设置符合要求的专用储存柜，打开外包装的危险化学品必须入柜储存。

2）储存柜使用管理，应满足以下要求：

a）储存柜应为有资质厂家生产的产品；

b）存放危险化学品的种类应与暂存柜类型相匹配，严禁将互相接触或混合后能引起爆炸、氧化着火的物质同柜存放；

c）储存柜内应分类划分区域，并标识清晰；

d）储存柜顶部、周边应无杂物；

e）储存柜通风口应处于敞开状态；

f）易燃易爆化学品储存柜接地应完好、可靠，门合页与柜本体应接地；

g）储存柜应按照“属地管理”的原则，明确责任部门和责任人，并制作标签张贴在柜子左上角；

h）张贴限量表、出入柜记录表、MSDS 和安全标签；

i）安全警示标志应张贴在柜子上，并将英文翻译为中文；

j）对剧毒物品的管理应执行“五双”制度，即双人验收、双人保管、双人发货、双把锁、双本账。

储存柜正面如图 5-4 所示，储存柜内部如图 5-5 所示，储存柜侧面如图 5-6 所示。

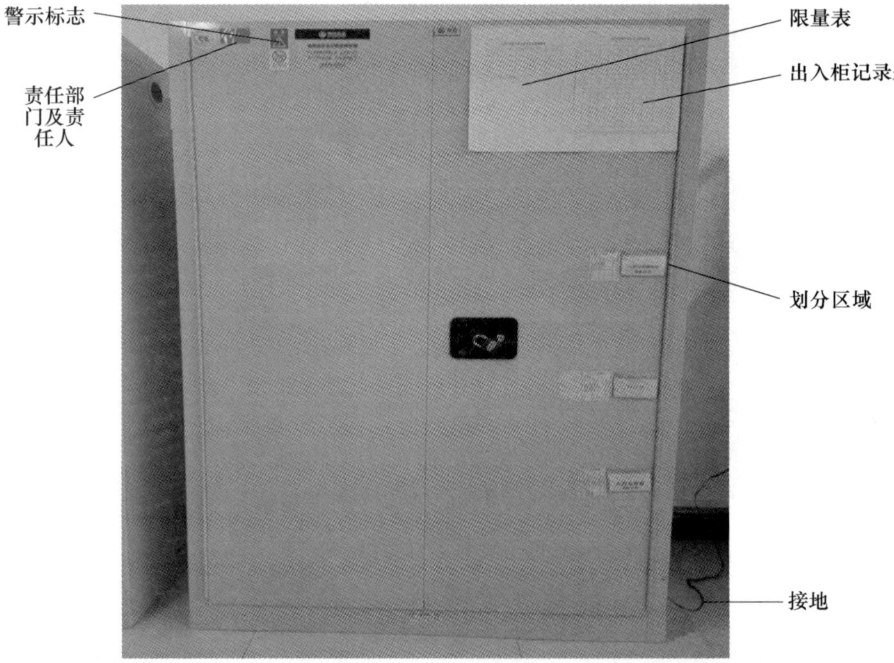

图 5-4　储存柜正面

图 5-5　储存柜内部

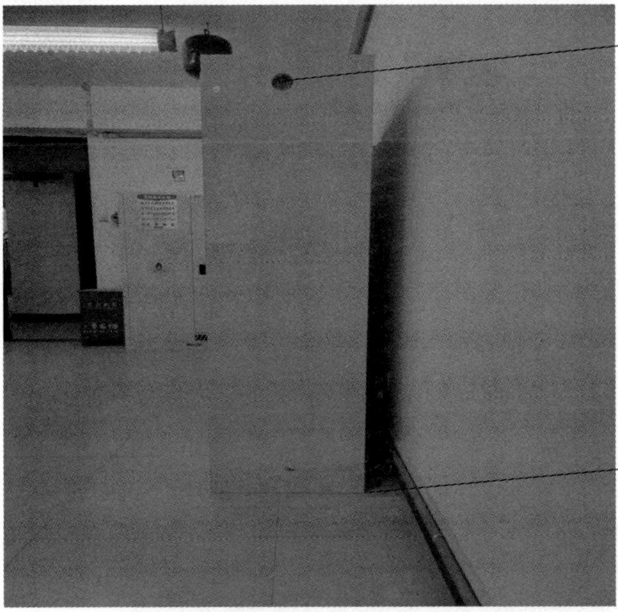

图 5-6　储存柜侧面

5.1.4.2　气体化学品储存设施

1）气瓶制造、定期检验钢印（或标签、印刷标记）准确、清晰、完整，瓶体颜色、字样、色环应当符合 GB/T 7144—2016 的要求。

2）瓶帽、瓶阀、防振圈、爆破片等安全附件应齐全、完好。

3）瓶体外观应无裂纹、鼓包、凹陷，无机械性损伤，无严重腐蚀、灼痕。瓶阀阀体无裂纹和异常变形。

4）可燃气体气瓶和助燃气体气瓶、有毒气体气瓶和无毒气体气瓶不允许同库存放。

5）空、实瓶应分开存放，在用气瓶和备用气瓶应分开存放，设置明显标识，并有有效的防倾倒措施；焊接绝热气瓶、溶解气体气瓶储存时，应保持直立。

6）自燃性、可燃性、毒性、腐蚀性、氧化性特种气体应存放在特种气体储存柜，惰性气体应存放在储存柜和气瓶架，如图 5－7 所示。

图 5－7　特种气体储存柜、气瓶架

5.1.5　其他设施

5.1.5.1　温湿度监测设施

储存场所应在房间中设置温湿度计，温湿度计应放置在房间平均温度区域，避免阳光直射或放在窗台处，如图 5－8 所示。

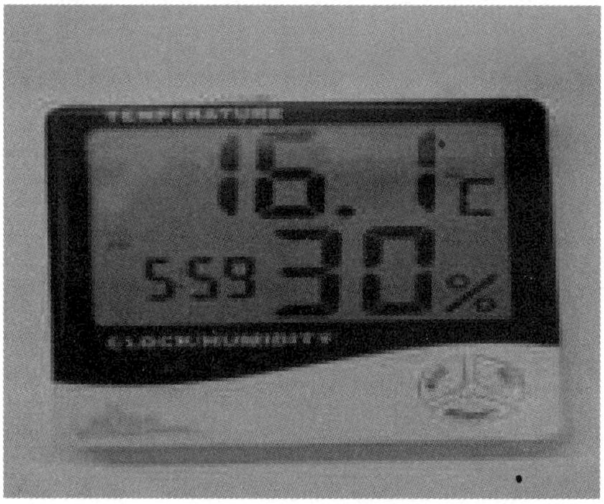

图 5－8　温湿度计

常见化学品安全储存温湿度要求见表 5－1。

5.1.5.2　手机存放设施

易燃易爆化学品储存间外应有手机储存柜或存放区域，如图 5－9 所示。

表 5－1　常见化学品安全储存温湿度要求

序号	类　别	品　名	温度/℃	相对湿度（%）
1	爆炸品	黑火药、化合物	≤32	≤75
2		水用作稳定剂	≥1	<80
3	压缩气体和液化气体	易燃、不燃、有毒	≤30	—
4	易燃液体	低闪点	≤28	—
5		中高闪点	≤35	—
6	易燃固体	红磷、硫化磷、铝粉	≤35	<75
7				
8	自燃物品	黄磷	>1	—
9		烃基金属化合物	≤30	≤75
10		含油制品	≤32	≤80
11	遇湿易燃物品	遇湿易燃物品	≤32	≤70
12	氧化剂和有机过氧化物	氧化剂和有机过氧化物	≤30	≤75
13		过氧化钠、钙、镁等	≤30	≤75
14		硝酸铵、亚硝酸钠	≤32	≤75
15	毒害品	固体	≤35	≤75
16		液体	≤32	≤75
17	酸性腐蚀品	发烟硫酸、亚硫酸	0～30	≤75
18		硝酸、盐酸、磷酸等	≤30	≤70
19		发烟硝酸	≤25	≤75
20		甲酸、乙酸等有机酸类	≤32	≤80
21	碱性腐蚀品	氢氧化钾（钠）、硫化钾（钠）等	≤30	≤70
22	其他腐蚀品	甲醛溶液	10～30	—

图 5－9　手机储存柜

5.1.5.3　*消防设施*

根据化学品特性，储存间应配备相应的灭火设施，灭火设施数量和类型应符合 GB 50140—2005 的要求，灭火器应放置在门外或门口处，如图 5－10 和图 5－11 所示。

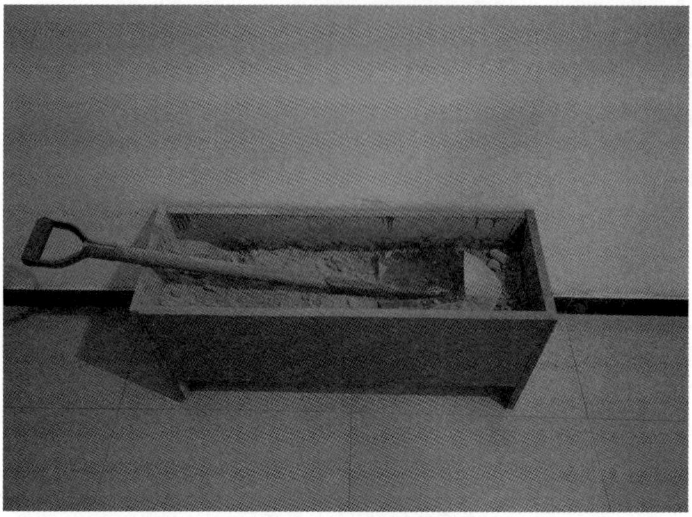

图 5－10　消防沙

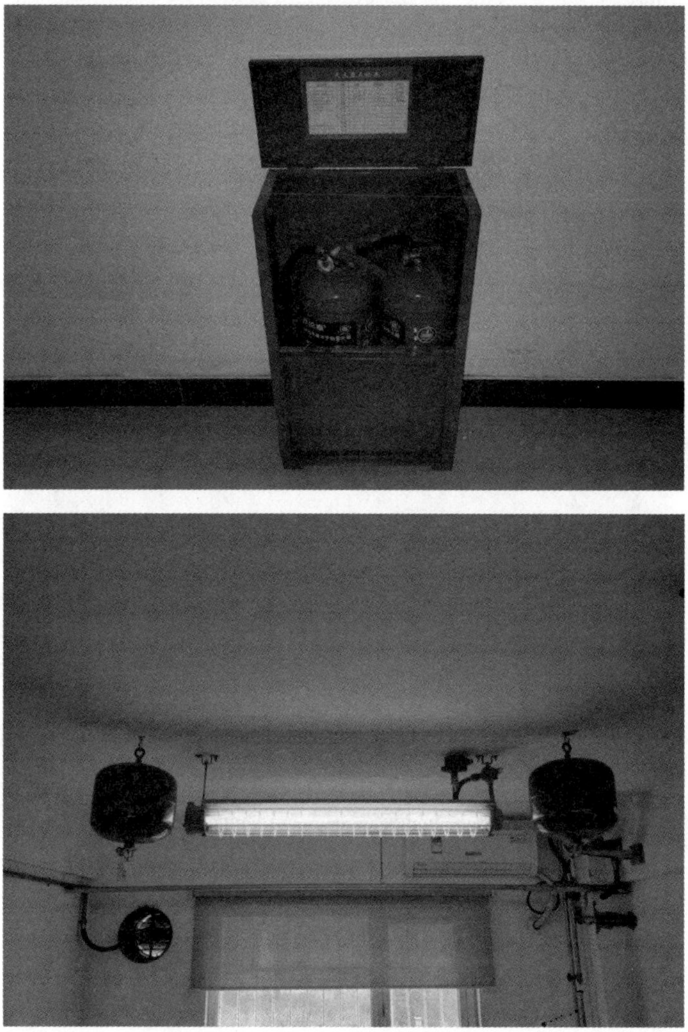

图 5－11　干粉灭火器

5.1.5.4　视频监控设施

为了能够看到室内的整体情况，储存间应设置视频监控设备。易燃易爆化学品储存间应选用防爆型摄像头，如图 5-12 所示。

图 5-12　防爆型摄像头

5.1.5.5　泄漏侦测设施

易燃、腐蚀性、毒性化学品的储存间应在易泄漏处和合理位置设置气体侦测装置，如图 5-13 所示。

气体化学品储存间的气体侦测管理系统应具备一键切断气体供应、全局联动报警、联动关断气柜、联动开启事故排风、联动应急广播等功能。

图 5-13　气体侦测装置

5.2　应急装备及工具使用要求

5.2.1　个体防护装备

危险化学品储存间、作业现场应配备个体防护用品，放置在专用柜或指定地点，危险化学品作业场所个体防护用品配备应满足表 5 - 2 的要求。个体防护用品如图 5 - 14 所示。

表 5 - 2 作业场所个体防护用品配备要求

作业类别	常见物质	防护用品
易燃易爆场所作业	酒精、丙酮等	防静电手套 防静电鞋 防静电服
吸入性气相毒物作业	氯气、一氧化碳等	防毒面具 防护手套 化学品防护服
吸入性气溶胶毒物作业	铝、铍等有毒金属及其化学物等烟雾和粉尘等	防毒面具 防护手套 化学品防护服
沾染性毒物作业	苯、放射性物质等	防毒面具 防护手套 化学品防护服
腐蚀性作业	盐酸、硫酸等	防腐蚀液护目镜 耐酸碱手套 耐酸碱鞋 防酸碱服
气瓶搬运	气瓶	防砸鞋

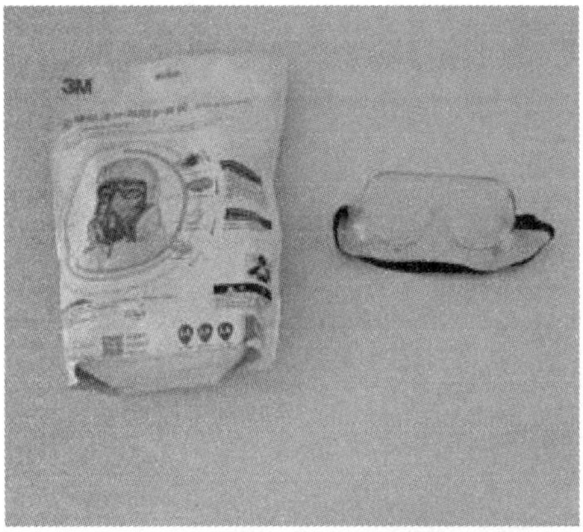

(a) 防毒面具和护目镜

(b) 化学品防护服

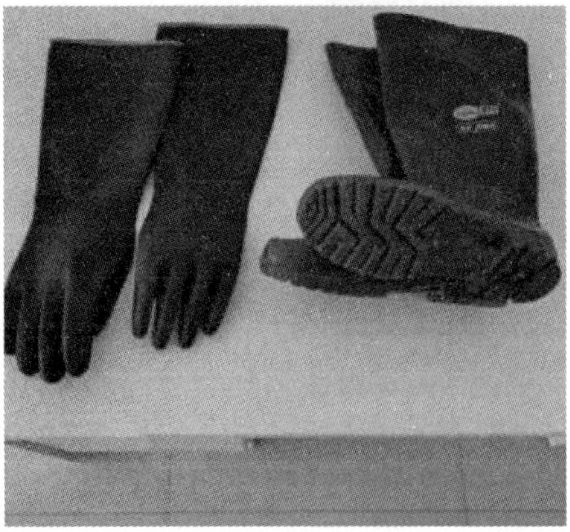

(c) 防护手套和防护靴

(d) 防砸鞋

图 5 - 14 个体防护用品

5.2.2　应急装备

在危险化学品储存间、作业现场，应急物资应存放在应急救援器材专用柜或指定地点。作业场所应急物资配备标准应符合表 5 - 3 的要求。应急物资如图 5 - 15 所示。

表 5 - 3　作业场所应急物资配备标准

物资名称	技术要求或功能要求	配备
正压式呼吸器	技术性能符合 GB/T 18664—2002 的要求	2 套
化学品防护服	技术性能符合 AQ/T 6107—2008 要求	2 套
过滤式防毒面具	技术性能符合 GB/T 18664—2002 的要求	1 个/人
气体浓度检测仪	检测气体浓度	2 台
手电筒	易燃易爆场所，防爆	1 个/人
对讲机	易燃易爆场所，防爆	2 台
急救箱或急救包	物资清单可参考 GBZ 1—2010	1 包
吸附材料	吸附泄漏的化学品，常见的吸附材料为沙土	*
洗消设施或清洗剂	配备常用或专业的设施和清洗剂	*
应急处置工具箱	配备常用或专业处置工具	*

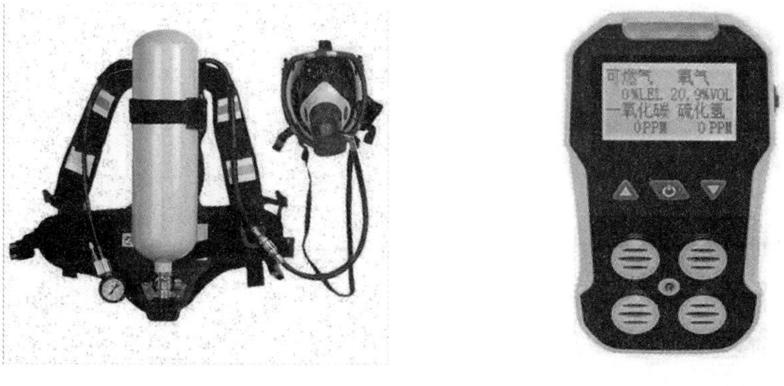

(a) 正压式呼吸器　　(b) 气体浓度检测仪

图 5 - 15　应急物资

(c) 防毒面罩

(d) 应急手电

图 5－15　应急物资（续）

5.2.3　防爆专用工器具

防爆专用工器具应包括防爆扳手、防爆漏斗、防爆油抽等，并按相关要求合理配备。危险化学品储存使用场所禁止使用能发火的工具，可用防爆工具或铜质工具（但铜的质量分数不得超 70%），如图 5－16 所示。

(a) 防爆油抽

(b) 防爆漏斗

(c) 防爆扳手

图 5－16　防爆专用工器具

5.3　储存间安全管理要求

5.3.1　储存分区要求

1）分离储存：储存在不同仓间或者防火分区的储存方式，样式如图 5－17 所示。

2）分开储存：在同一储存空间内，用距离将不同非禁忌物品隔开的储存方式，样式如图 5－18 所示。

5.3.2　储存禁忌要求

危险化学品储存禁忌应符合表 5－4 的要求。

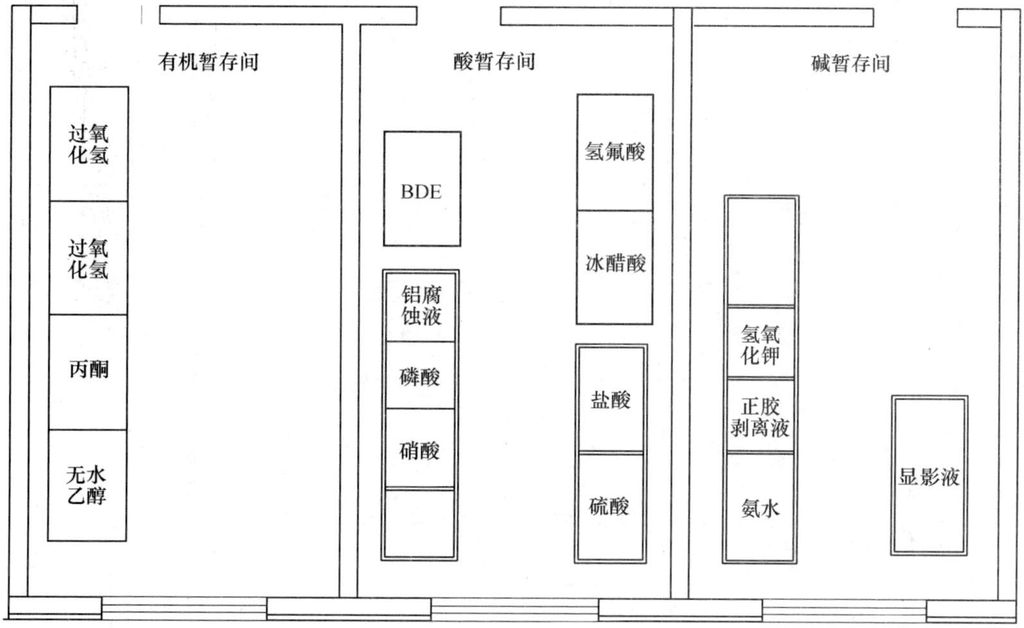

图 5-17 分离储存

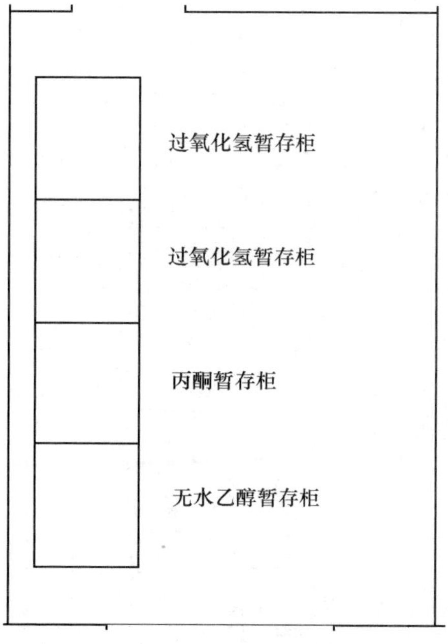

图 5-18 分开储存

表 5–4　危险化学品储存禁忌要求

类别		爆炸物	易燃气体	气溶胶，类别1	氧化性气体	加压气体（不燃）	易燃液体、液态退敏爆炸物	易燃固体、固态退敏爆炸物	自反应物质和混合物		自燃液体、固体	自燃物质混合物	遇水放出易燃气体的物质和混合物	氧化性液体、固体		有机过氧化物		金属腐蚀物 皮肤腐蚀/刺激，类别1				急性毒性类别1、类别2、类别3	
									A型、B型	C型、D型、E型				无机	有机	A型、B型	C型、D型、E型、F型	酸性无机	酸性有机	碱性无机	碱性有机	无机	有机
爆炸物		×																					
易燃气体		×	○																				
气溶胶，类别1		×	×	○																			
氧化性气体		×	×	×	○																		
加压气体（不燃）		×	○	×	○	○																	
易燃液体、液态退敏爆炸物		×	×	○	×	×	○																
易燃固体、固态退敏爆炸物		×	×	○	×	×	△	○															
自反应物质和混合物	A型、B型	×	×	×	×	×	×	×	○														
	C型、D型、E型	×	×	×	×	×	△	○	○	○													
自燃液体、固体		×	×	×	×	×	×	×	×	×	○												
自燃物质混合物		×	×	×	×	×	×	×	×	×	×	○											
遇水放出易燃气体的物质和混合物		×	×	×	×	×	×	×	×	×	×	△	○										

（续）

类别		爆炸物	易燃气体	气溶胶，类别1	氧化性气体	加压气体（不燃）	易燃液体、液态退敏爆炸物	易燃固体、固态退敏爆炸物	自反应物质和混合物		自燃液体、固体	自燃物质混合物	遇水放出易燃气体的物质和混合物	氧化性液体、固体		有机过氧化物		金属腐蚀物 皮肤腐蚀/刺激，类别1				急性毒性类别1、类别2、类别3	
									A型、B型	C型、D型、E型				无机	有机	A型、B型	C型、D型、E型、F型	酸性无机	酸性有机	碱性无机	碱性有机	无机	有机
氧化性液体、固体	无机	×	×	×	分	分	×	×	×	×	×	×	×	①									
	有机	×	×	×	分	△	×	×	×	×	×	×	×	×	○								
有机过氧化物	A型、B型	×	×	×	×	×	×	×	×	×	×	×	×	×	×	○							
	C型、D型、E型、F型	×	×	×	×	分	分	分	×	分	×	×	×	×	×	○	○						
金属腐蚀物 皮肤腐蚀/刺激，类别1	酸性无机	×	×	×	×	×	×	×	×	×	×	×	×	×	×	×	分	○					
	酸性有机	×	×	×	×	×	△	×	×	×	×	分	×	△	×	×	分	×	○				
	碱性无机	×	分	分	分	分	△	分	×	分	分	分	△	×	△	×	分	×	×	○			
	碱性有机	×	×	×	×	×	△	△	×	△	×	分	×	×	×	×	分	×	×	○	○		
急性毒性类别1、类别2、类别3	无机	×	分	分	分	分	△	分	×	分	×	分	△	×	×	×	分	分	分	分	分	○	
	有机	×	×	×	×	×	△	分	×	分	×	分	×	×	×	×	分	分	分	分	分	○	○

注： 1. “○”符号表示原则上可以混合储存，具体化学品能否混合储存，参考其安全技术说明书。

2. “×”符号表示不可以混合储存，应分离储存。

3. “分”指应按化学品危险性分类进行分开储存、分区分类储存管理。

4. “△”指两种物品性能并不相互抵触，但消防施救方法不同，条件允许时分开储存。

5. “①”指过氧化钠等物质不宜和无机氧化剂混合储存，具有还原性的亚硝酸钠等亚硝酸盐类，不宜和其他无机氧化剂混合储存。

6. 当危险化学品有两种以上危险性时，应同时考虑所有危险性类别的禁配要求。

5.3.3 安全标志

1）根据储存的危险化学品特性，选取、使用适宜的安全标志，并符合《图形符号 安全色和安全标志》（GB/T 2893.1～2893.5）的要求。安全标志应设在与安全有关的醒目位置，便于进出现场的人看见；不应设在门、窗、架等可移动物体上，以免这些物体位置移动后，看不见安全标志；安全标志牌前不得放置妨碍认读的障碍物；多个安全标志牌一起设置时，应按警告、禁止、指令、提示类型的顺序，先左后右、先上后下排列。

2）在易燃易爆化学品储存间门口处应张贴“禁止烟火”“禁止携带无线通讯设备”“当心火灾”“当心爆炸”“必须穿防护服”等标志。标志牌宜在距地面不低于1.7m、不高于2m处悬挂。在腐蚀、中毒、窒息性化学品储存间门口处应张贴“当心腐蚀”“当心中毒”“当心窒息”“必须戴防护眼镜”“必须戴防毒面具”“必须穿防护服”等标志。标志牌宜在距地面不低于1.7m、不高于2m处悬挂。具体安全标志如图5-19和图5-20所示。

图5-19　安全标志一（见彩插）

3）在储存间门口处建议张贴化学品布局图，如图5-21所示。图中应包括化学品名称和最大储存量。

4）具有职业危害的储存场所应在门口处悬挂职业危害告知卡，如图5-22所示。告知卡宜在距地面不低于1.7m、不高于2m处悬挂。

5）根据航天电子安全管理的有关要求，存放易燃易爆化学品危险点应在门口处悬挂危险点标识牌（见表5-5）。标识牌应包含危险点名称、危险点等级、建筑物类型、建筑物防雷类型、建筑物耐火等级、危险性类别、定员、定量、责任人、编号等信息。标识牌宜在距地面不低于1.7m、不高于2m处悬挂。

a）危险点名称：与危险点评定登记表、审定表一致。

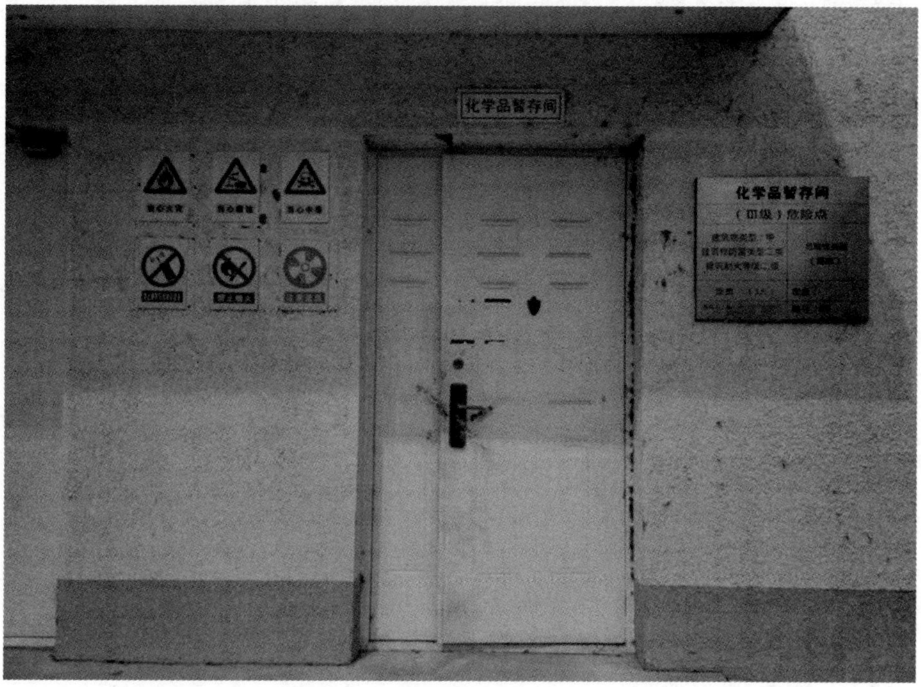

图 5－20　安全标志二（见彩插）

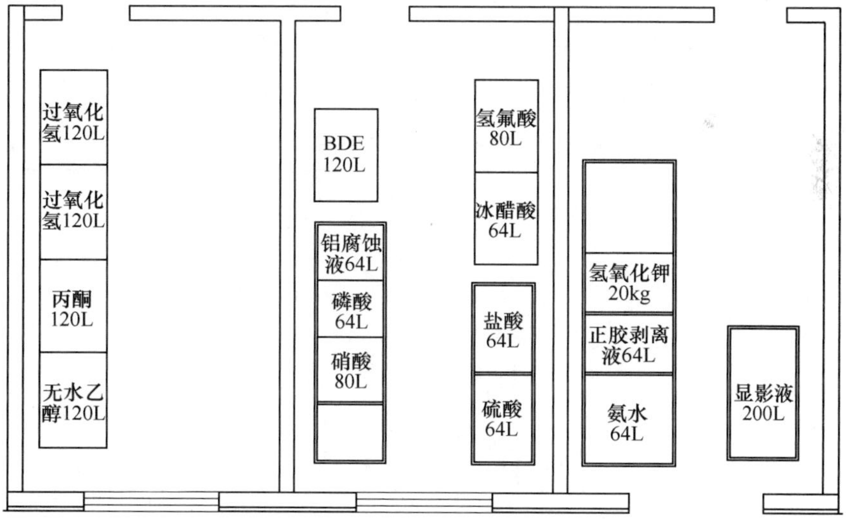

图 5－21　储存间布局图

b）危险点等级：与危险点评定登记表、审定表一致。

c）建筑物类型：为甲、乙、丙、丁、戊类。

d）建筑物防雷类型：为第一类、第二类、第三类。

e）建筑物耐火等级：为一、二、三、四级。

f）危险性类别：为易燃、易爆。

g）定员：为当班人员数量，检查、维修等人员进出应由危险点所在部门负责人进行审批方可进入。

h）定量：应根据安全现状评价的最大储量填写。

i）责任人：为部门负责人和班组负责人，并填写手机。

j）编号：自行编制。

表 5-5　易燃易爆危险点标识牌

<table>
<tr><td colspan="2">危险点名称</td></tr>
<tr><td colspan="2">（×级）危险点</td></tr>
<tr><td>建筑物类型：
建筑物防雷类型：
建筑物耐火等级：</td><td>危险性类别：</td></tr>
<tr><td>定员：（×人）</td><td>定量：（×L ×kg）</td></tr>
<tr><td>责任人：（部门负责人：　　　　）（手机：　　　　）
（班组负责人：　　　　）（手机：　　　　）</td><td>编号：</td></tr>
</table>

6）非易燃易爆危险点标识牌应包含危险点名称、危险点等级、危险因素、单位、所属部门、部门负责人、危险点负责人、定员（定量）、主要危险性标识等（见表 5-6），悬挂在门口处，标识牌宜在距地面不低于 1.7m、不高于 2m 处悬挂。

表 5-6　非易燃易爆危险点标识牌

<table>
<tr><td colspan="2">危险点名称</td></tr>
<tr><td colspan="2">（×级）危险点</td></tr>
<tr><td rowspan="2">主要危险性标识</td><td>危险因素：
单位：
所属部门：
部门负责人：
危险点负责人：
定员（定量）：</td></tr>
<tr><td>（集团名称）</td></tr>
</table>

5.3.4　化学品堆码

1）危险化学品堆码整齐、牢固、无倒置，不应遮挡消防设备、安全标志和通道。

2）除 200L 及以上的钢桶包装外，其他包装的危险化学品不应就地码放，货垛垫底高度不低于 15cm。

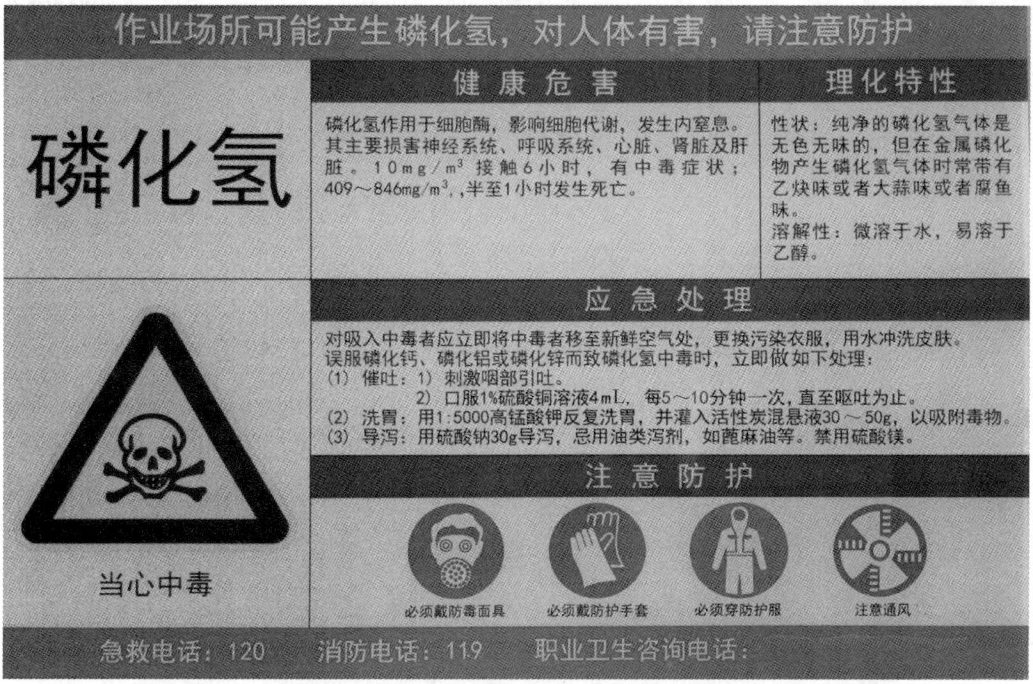

图 5-22 职业危害告知卡示例（见彩插）

3）采用货架存放时，应把包装件置于托盘上并采取固定措施。

4）储存间的堆垛间距：主通道≥200cm、墙距≥50cm、灯距≥50cm、柱距≥30cm、垛距≥100cm（每个堆垛的面积不应大于 150m^2）。

5）气瓶应根据储存物质特性分开储存，并采取固定措施。

5.3.5 规章制度要求

（1）双重预防机制要求

管理人员应根据实际情况，每年至少进行一次全面的危险源辨识和风险评估工作，并更新风险清单、事故隐患清单、安全风险图。

（2）现场储存使用管理

现场储存使用管理制度应包括管理机构与职责、出入库（柜）管理、储存管理、环境监测、安全检查、个体防护等要求。

（3）设备设施管理

设备设施管理制度应包括管理机构与职责、设备设施购置、设备设施安装及验收、设备设施使用维护和检修（安全操作规程）、设备报废等要求。

（4）应急管理

应急管理现场处置方案内容应包括事故风险描述、应急工作职责、应急处置、注意事项等内容。

（5）人员管理

从事危险化学品采购、储存、领用、废弃处置等相关作业人员，必须接受有关法律、法规、规章和安全知识、专业技术、职业卫生防护和应急救援知识的培训，遵守单位安全管理制度和操作规程，了解相关知识，并经考核合格后准予参加相关岗位工作。

5.3.6 记录管理

（1）一书一签

化学品安全技术说明书应悬挂在储存间现场，化学品安全标签、简易安全标签应根据需求张贴在原包装或分装容器上，如图 5 - 23 和图 5 - 24 所示。

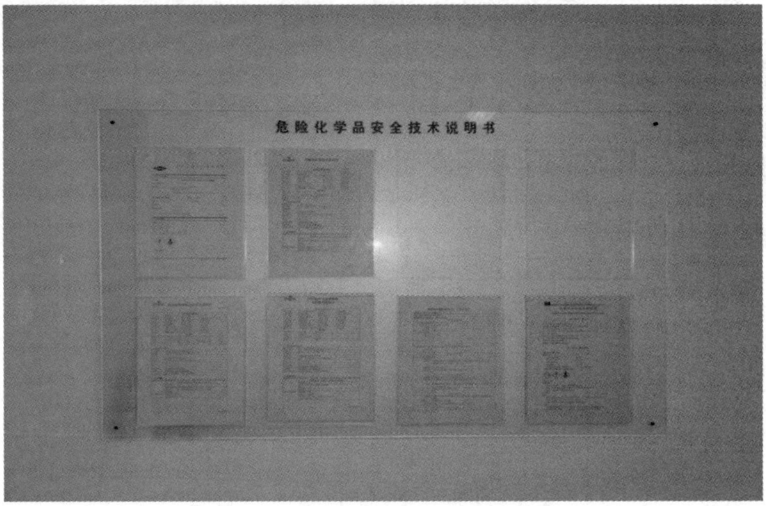

图 5 - 23 安全技术说明书

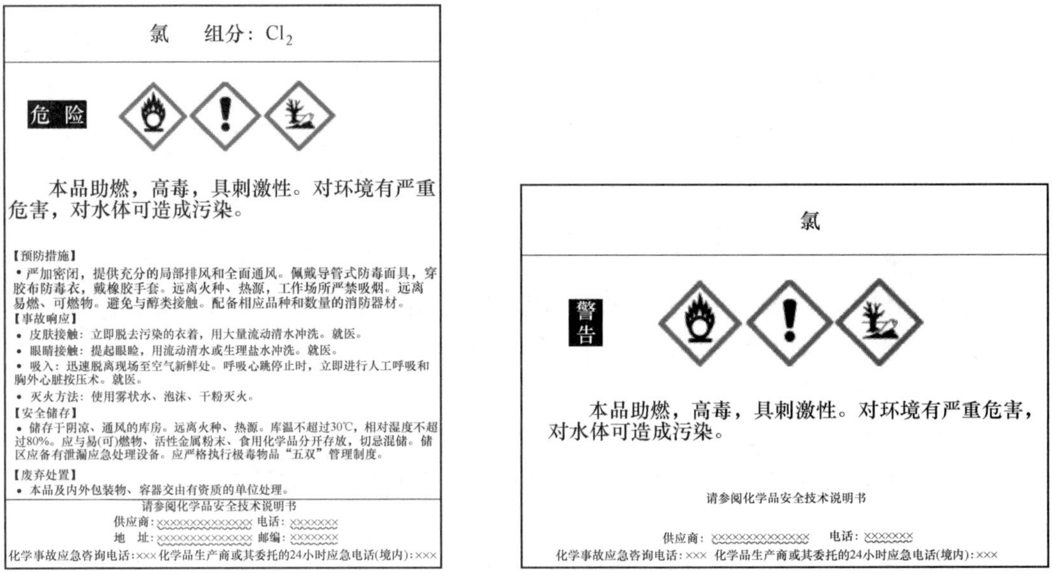

图 5 - 24 安全标签示例（见彩插）

（2）出入库记录（见表 5 - 7）

表 5-7　××××危险化学品暂存间出入库登记表（参考）

序号	日期	名称	计量单位	数量	出/入	现存量	责任部门	责任人签字	备注

（3）人员进出入记录（见表 5-8）

表 5-8　人员出入登记表（参考）

日期	时间		工作负责人	单位/部门	工作内容	人数	值班员签字	
	进	出					进	出

（4）职业危害场所检测报告

存在职业危害的储存场所应在入口处张贴职业危害场所检测报告，包括检测报告封面、检测机构资质、限值合格页。

（5）相关方告知书（见图 5-25）

安全风险告知书（参考）

您将进入（场所）从事工作，为了便于您更好地了解该场所与工作中存在的安全风险，特编制本安全风险告知书，请您认真阅知。具体告知内容如下：

一、危险及有害因素分析

二、安全管控措施

三、安全管理要求

四、应急处置方案

本人已清楚了解进入场所与从事工作的安全风险，愿意承担此风险，在工作中严格采取相关管理措施，关注自身安全。

承诺人：

日期：

图 5-25　相关方告知书

（6）培训资格证书

危险化学品储存场所应在门口处放置危险化学品储存场所管理人员证书或单位内部培训资格证书。

5.4　典型生产现场危险化学品安全管理要求

5.4.1　电镀生产

5.4.1.1　电镀镍金

1）电镀镍金工艺中使用氰化金钾，配液使用过程中应有专人监管，配液后若有氰化金钾剩余，应立即返还库房储存。

2）电镀镍金生产线不能单独操作，操作期间更不能离开岗位，必须在摄像头监控下两人操作，互相监督。

3）电镀镍金线中镀金槽和镀液槽应加盖，设置双人双锁，钥匙必须分开管理，分别开锁，不能将钥匙交给一个人保管或开锁。镀金工艺结束后对电镀槽加双锁，双人管理。镀金槽开锁、上锁必须有记录，由操作人员、监督人员双方签字确认。

5.4.1.2 氰化电镀

1）应严格按照《危险化学品安全管理条例》（国务院令第344号）及公安部门的有关规定购买、储存及使用电镀用氰化物。

2）应定期检查通风系统运行是否正常。在操作前，应打开通风设备通风15min以上，若通风机出现故障，应停止操作。

3）向槽内倾倒有毒物品时，操作者必须站在上风方向，防止风从正面吹来引起中毒事故。

4）所有氰化槽应尽量远离酸槽，镀前侵蚀工序后，工件尤其是形状复杂的工件应清洗干净，防止将酸带入槽内形成剧毒氰化氢气体；氰化电镀后的清洗槽应为专用槽。

5）氰化槽旁不许放置酸液，酸液不许带入氰化槽中，防止产生剧毒气体。

6）采用蒸气加热系统的含氰化合物的槽体（包括清洗槽），其尾气管路不应和其他非工业用途的蒸气管路连通。

7）清洗阳极板时，应冲洗，不应擦干处理。阳极棒和阴极棒不应采用酸直接清洗，宜将极棒取下后清洗。

8）清洗氰化镀种的阳极套时，必须戴好防护手套。

9）掉入槽内的工件不应用手捞出，应使用专用工具。

10）所有称量、运输氰化物的应为专用器具，并应在明显处标注剧毒标记，称量应在通风良好的条件下进行。

11）存放氰化物或含氰液的场地应通风良好，氰化物或含氰液不应与酸摆放在一起。

12）所有已使用过的工具及仪器，用后宜用5%的绿矾（$FeSO_4 \cdot 7H_2O$）溶液进行消毒。

13）氰化物和其他剧毒品的保管领取、称量和配置都应采用双人制度，凭审批手续按量领取。电镀车间所领用的氰化物宜全部加入溶液中，不应在操作现场存放。

14）存放过剧毒品、毒品、腐蚀试剂的包装袋、玻璃器皿等，应由专人妥善保管、集中处置。

15）操作人员下班后应用1%的绿矾溶液洗手，应用20%的次氯酸钠或5%的绿矾（$FeSO_4 \cdot 7H_2O$）溶液清洗地面。

5.4.2 产品刻蚀

1）在工艺加工过程中设备气柜排风要保持负压状态，确保尾气处理器处于正常工作状态。

2）设备操作屏幕无报警信息，应全部显示正常状态。

3）检查气体侦测装置是否报警。

4）检查设备冷水机的冷却水水位是否正常或者是否需要加水。

5）预真空室盖充气打开过程中，操作人员应远离设备，以免碰伤。

6）在工艺中如果出现漏气、漏电等紧急情况，按紧急停止按钮。

5.4.3　氧化扩散

1）氢氧合成应该严格按照点火操作程序进行，点火前应该确保氢、氧气足量。刚清洗完炉管进行第一次氢氧合成时，需要把炉口打开，与炉管保持 2～3cm 的距离，再进行手动点火，待点火成功后闭合。每天对氢氧汇流排间巡查，确保工作正常，保证当天供应氢氧气足量。

2）设备气源柜上方有 H_2和 O_2气体监控探头，H_2或者 O_2气体漏气，监控探头会立即报警，操作人员听到报警后马上关掉设备的 H_2或者 O_2气体开关，然后再关闭 H_2或者 O_2总气体开关，然后撤离现场。

3）维修时，拆开气体管道前，须先抽空管道中气体，再用氮气吹扫干净，以免中毒。

5.4.4　电子装联

5.4.4.1　喷漆作业

1）操作者应穿防静电服，佩戴好防静电腕带。

2）检查劳动防护用品是否完好，并按要求佩戴防护口罩、防护眼镜。

3）进入作业间前，应触摸门口的静电泄放球 5s 后，方可进入。

4）喷漆间内禁止带入手机，其他人员严禁入内，室内严禁烟火。

5）必须保持工作室内整齐清洁，严禁堆放杂物。

6）应开启通风系统 3～5min 后方可进行操作。

7）无纺过滤布应根据使用情况及时更换。

5.4.4.2　酒精清洗作业

1）操作者应穿防静电服，佩戴好防静电腕带、防静电手套，使用防静电工具。

2）检查劳动防护用品是否完好，并按要求佩戴防护口罩、防护眼镜。

3）进入作业间前，应触摸门口的静电泄放球 5s 后，方可进入。

4）必须保持工作台周围整齐、清洁。

5）清洗间应无杂物，若发现杂物，应及时予以清理，禁止带入手机，室内严禁烟火。

6）应开启通风系统 3～5min 后方可进行操作。

7）现场存放的酒精、稀释剂的数量应不超过当日用量，开桶、搅拌、抽取应使用不产生火花的工具。

8）作业完毕后及时清除地面油漆。油漆、稀释剂用完要加盖，空包装物及时清除。

5.4.5　胶粘作业

1）环氧树脂粘接剂粘固后的产品应水平放置于清洁无尘的房间内。

2）从事粘固元器件的操作人员应认真学习 QJ 3215—2005 航天电子电气产品元器件环氧树脂粘接剂粘固技术要求。

3）环氧树脂粘接剂的配制应在通风条件下进行，严禁火种，注意安全。

第 6 章　常用危险化学品隐患排查治理

本章通过对隐患排查治理要求、组织形式、检查频次及安全检查表的制定、隐患治理等方面的论述，介绍航天电子生产过程中开展针对危险化学品使用过程的隐患排查策划方法、主要内容及隐患治理的要求；指导有关单位根据安全生产法律法规要求，结合危险化学品储存、使用等环节实际情况，针对可能发生安全事故的风险点，全面开展危险化学品安全检查工作。

6.1　一般要求

以安全生产检查为主要手段的安全生产隐患排查治理工作是企业杜绝或避免安全隐患的一项有效手段，是企业安全生产的一项长效机制。通过全面的隐患排查工作，可以充分暴露人员状况、设备状况、生产环境及安全管理状况等方面存在的问题充分暴露，并促进企业迅速采取有效措施，消除隐患。针对隐患排查工作，相关的法律法规，特别是新《安全生产法》在双重预防机制建设要求中均提出了相关要求，主要包括以下几方面：

1）企业应在安全风险分级管控的基础上，开展隐患排查治理工作，包括计划、排查、登记、治理、评估和分析等环节。应按计划对所存在的危险化学品危险源开展全覆盖的隐患排查治理工作，并将存在重大风险和较大风险的场所、环节、部位及其管控措施作为隐患排查治理工作的重点。

2）企业应建立健全安全生产隐患排查治理制度，落实从主要负责人到每个岗位人员的隐患排查治理责任制，明确隐患排查、登记建档、隐患治理、统计分析等相关要求，强化隐患排查治理工作。隐患排查要按专业和部位，明确排查的责任人、排查内容、排查频次和工作流程。

3）企业应制订隐患排查计划，明确隐患排查的年度、时间、目的、范围、责任部门、人员、方法和要求等内容，并按计划开展隐患排查。隐患排查计划应覆盖企业所有生产经营、科研试验的场所、环境、设备设施、人员、相关方。

4）企业应建立事故隐患信息档案，要明确隐患的级别，按照“五定”（定整改方案、定资金来源、定项目负责人、定整改期限、定控制措施）的原则，落实隐患治理的各项措施，对隐患治理情况进行监控，保证隐患治理按期完成。

5）隐患治理要分类实施，能够立即整改的隐患，应落实责任人，立即组织整改；不能立即整改的隐患，组织研究制定并实施严格的隐患治理方案，坚决做到责任、措施、资金、时间和预案“五落实”。问题和隐患整改后，要组织进行闭环验证，确保整改到位。重大隐患治理工作结束后，企业应组织技术人员和专家对隐患治理情况进行验收，保证按期完成，达到理想治理效果。

6）企业应及时开展问题和隐患的统计分析。应定期对各类检查发现的危险化学品问题和隐患进行统计分析并通报。通过综合分析安全生产中的突出矛盾和共性问题，从管理制度、人员能力、技术方法、设备设施、经费保障、培训教育等方面挖掘深层次原因，并采取改进措施，不断推进风险控制关口前移，减少隐患数量。

6.2　隐患排查

6.2.1　组织形式

危险化学品隐患排查是企业危险化学品安全管理的重要内容，通过辨识危险化学品管理工作中存在的漏洞和死角，检查安全防护设施、作业环境是否存在不安全状态，现场作业人员的行为是否符合安全规范等，改善劳动作业环境，规范作业人员的行为，保证安全防护设施安全、可靠运行，确保危险化学品安全风险受控。

企业隐患排查的范围应是企业生产的全过程，参与人员应是企业全体员工。应按企业层级成立安全检查工作组，明确参与人员、检查的主要内容和频次等。安全检查的层级一般可分为以下四种类型。

（1）企业级

企业级安全检查主要由企业责任人、企业主管安全领导、主管安全业务部门领导、专职安全管理人员及其他相关人员参与，以保障企业危险化学品安全为目的，对涉及危险化学品部门、班组、岗位和人员开展监督检查，检查安全责任制、危险化学品安全管理制度建立健全并落实情况、各级培训情况、各级定期排查及隐患整改情况等内容。企业级安全检查至少每季度组织一次；重大活动及节假日前必须进行一次企业级安全检查；当同类企业发生安全事故时，应举一反三，及时进行事故类比安全风险隐患专项安全检查。

（2）部门级

部门级安全检查主要由部门责任人、部门主管安全领导、部门安全管理人员及其他相关人员参与，以保障本部门危险化学品安全为目的，对涉及危险化学品班组、岗位和人员开展监督检查，检查员工操作、设备设施、作业环境等人的不安全行为和物的不安全状态，检查制度执行、员工培训、班组级和岗位级排查记录等内容。部门级安全检查至少每月开展一次，危险化学品主管业务部门应至少每季度组织一次专业性或专项安全检查。

（3）班组级

班组级安全检查主要由班组长、班组安全员参与，以保障本班组危险化学品安全为目的，对涉及危险化学品岗位和人员开展监督检查，检查本班组作业活动范围内涉及危险化学品储存、使用的设备设施、工艺、员工资质和行为、制度执行、员工培训、未遂事故、岗位级每日排查记录等内容。班组级日常安全检查应至少每周开展一次。

（4）岗位级

岗位级安全检查以保障本岗位危险化学品安全为目的，由岗位员工自查、互查，检查设备设施隐患、危险化学品管理、个人防护用品的穿戴和违章行为等内容。岗位级日常安全检查应至少每日一次。

各层级检查需明确的基本要求见表 6－1。

表 6-1 各层级检查需明确的基本要求

层级	主要参与人员	主要内容	频次（最少）
企业级	公司安全委员会主要成员	安全责任制、危险化学品安全管理制度建立健全并落实情况、各级培训情况、各级定期排查及隐患整改情况等	1次/季
部门级	部门安全领导小组主要成员	员工操作、设备设施、作业环境等人的不安全行为和物的不安全状态、制度执行、员工培训、班组级和岗位级排查记录等	1次/月
班组级	班组长、班组员	本班组作业活动范围内涉及危险化学品储存、使用的设备设施、工艺、员工资质和行为、制度执行、员工培训、未遂事故、岗位级每日排查记录等	1次/周
岗位级	作业人员	设备设施隐患、危险化学品管理、个人防护用品的穿戴和违章行为等	1次/日

6.2.2 隐患排查策划

6.2.2.1 制定排查方案

隐患排查流程包括：隐患排查准备、隐患排查实施、综合分析、结果反馈和提出整改要求等环节。企业应在日常检查、专项检查等各类检查开始前，开展隐患排查策划，制定隐患排查方案，明确各项工作要求。一般应包括以下工作内容：

1）确定排查对象、目的和任务。

2）查阅、掌握有关法规、标准和规程的要求。

3）了解排查对象的工艺流程、生产情况、可能出现的危险和危害的情况。

4）制定实施方案，安排排查内容、方法和步骤，并确定参加人员、排查内容、时间、安排和记录等内容。安全生产标准化自评、体系内部审核等工作应按其要求执行。

5）编制安全检查表或检查提纲。

6）准备必要的检测工具、仪器、书写表格或记录本。

7）挑选和训练检查人员并进行必要的分工、培训等。

6.2.2.2 编制安全检查表

安全检查表是为规范企业各级人员开展安全检查、判定并记录的表格。企业应依据相关标准、规范，充分辨识岗位、作业场所、设备设施及管理等各方面的潜在危险有害因素，制定针对性的检查项目，使企业安全检查工作具体化、岗位化、专业化和规范化。

（1）编制安全检查表的主要依据

1）国家、上级危险化学品相关法律法规、规章、标准及其他要求，企业危险化学品安全管理制度和安全操作规程。

2）国内外危险化学品事故案例和企业以往的事故情况。

3）危险化学品储存、使用部位危险有害因素辨识报告。

4）分析人个人的经验和可靠的参考资料。

5）有关研究成果，同行业或类似行业检查表等。

（2）安全检查表的基本内容

安全检查表的基本内容应包括：

1）基本信息：部位、岗位（部门）、检查日期和检查人员。

2）要素信息：序号、类别、检查内容、问题描述、检查频次、整改措施、责任部门、责任人整改完成时间、备注。

3）正文内容：检查内容描述是编制工作的重点。

各企业应结合自身危险化学品安全风险及管控水平，按照危险化学品安全管理的要求，危险化学品安全检查表参照举例，合理编制符合自身实际的危险化学品安全检查表，开展安全风险安全检查工作。

根据航天电子领域涉及危险化学品种类、物化特性和历年危险化学品隐患排查过程中发现的重点、难点、低层次、重复性等问题，本书编制了《企业级安全检查表示例》（附录 A）和《危险化学品库房管理岗位日常安全检查表示例》（附录 B），可结合本企业危险化学品管理实际，突出重点，参考编制适合本单位的安全检查表，以实现对危险化学品的有效管控。

结合航天电子领域涉及危险化学品主要工艺过程的特点，为有针对性地开展专项排查工作，本书编制了《重点工艺过程安全检查表示例》（附录 C），供读者参考使用。

（3）安全检查表的修订与持续改进

检查人员在使用安全检查表过程中发现内容与实际情况不适宜、不完善的，可自行增减内容，对安全检查表进行评审、修订和完善，并做好检查相关的培训工作。有下列情形之一的应及时对安全检查表进行修订：

1）颁布实施有关新的安全法律法规、标准规范或原有适用法律法规、标准规范重新修订的。

2）装置和重要的设备设施发生重大改变的。

3）发生事故或对事故、事件有新的认识。

4）周边安全生产环境发生重大变化。

5）危害因素辨识结果有较大变动或识别出新的危害因素。

6.2.3　隐患排查实施

6.2.3.1　隐患排查形式

隐患排查的内容主要包括软件系统和硬件系统。其中，软件系统为查思想、查意识、查制度、查管理、查事故处理、查隐患、查整改。硬件系统为查生产设备、查辅助设施、查安全设施、查作业环境。针对不同的情况，应选择相应的检查方法。一般可通过访谈、查阅文件和记录、现场观察、仪器测量的方式开展检查，获取信息。

1）访谈。通过与有关人员谈话来检查安全意识和规章制度执行情况等。

2）查阅文件和记录。检查设计工艺技术文件或操作规程、作业规程、安全措施、责任制度等是否齐全，是否有效；查阅相应记录，判断上述文件是否被执行。

3）现场观察。对作业现场的生产设备、安全防护设施、作业环境、人员操作等进行观察。寻找不安全因素、事故隐患和事故征兆等。

4）仪器测量。利用一定的检测检验仪器设备，对在用的设施、设备、器材状况及作业环境条件等进行测量，以发现隐患。

6.2.3.2　隐患排查方法

隐患排查的方法大致可以分为三大类，分别是常规检查法、安全检查表法和仪器检查及数据分析法。

1）常规检查法是指在作业场所现场，通过感官对作业人员行为、作业现场的环境条件、场所设备设施等进行检查。此类方法属于定性检查，主要依靠安全检查人员的经验和能力，检查的结果直接受安全检查人员个人素质的影响。

2）安全检查表法属于定性检查，一般包括检查项目、检查内容、检查结果及评价、检查发现问题等。特点是需要编制大量的检查表，结果受编制人员的影响。安全检查表法是把安全生产的有关法律法规、标准、规程等要求的安全因素和检查项目用表格形式系统地罗列出来，逐项对照检查评审的方式，是安全检查最常用的方法。优点是内容全面，可避免有关内容的遗漏；重点突出，简明扼要，便于操作。

常用排查方法的特点对比分析见表 6－2。

表 6－2　常用排查方法的特点对比分析

排查方法	具体内容	特点
常规检查法	在作业场所现场，通过感官对作业人员行为、作业现场的环境条件、场所设备设施等进行检查	主要依靠安全检查人员的经验和能力，检查的结果直接受安全检查人员个人素质的影响 定性检查
安全检查表法	一般包括检查项目、检查内容、检查结果及评价、检查发现问题等	要编制大量的检查表，结果受编制人员的影响 定性检查
仪器检查及数据分析法	通过仪器进行定量的检验和测量	定量检查

3）仪器检查及数据分析法是通过仪器进行定量的检验和测量，属于定量检查。常用的检查仪器应为便携式，并定期校检，主要包括浓度测试仪、氧含量测试仪、pH 计、兆欧摇表、测距仪、测风仪、测温仪、测湿仪等。各企业可根据量化检查项目的实际需要补充或替代相关仪器。常用的检查仪器清单见表 6－3。

表 6－3　常用的检查仪器清单

仪器名称	主要功能
浓度测试仪	测量储存、使用场所内危险化学品浓度
氧含量测试仪	测量储存、使用场所内氧气含量
pH 计	测量 pH 值
兆欧摇表	测量接地电阻
测距仪	测量长、宽、高，距离
测风仪	测量风速、风量
测温仪	测量储存、使用场所内的环境温度
测湿仪	测量储存、使用场所内的环境湿度

对于航天电子生产现场的隐患排查，可以将安全检查表法与仪器检查及数据分析法综合运用，即按要求编制安全检查表，以仪器测量及数据分析法作为工具手段，以提高检查效果。同时，宜多采用“四不两直”和“视频回溯”等隐患排查方式，真正找准问题、查实隐患。

6.2.3.3　隐患排查重点

1）应重点关注涉及重大危险源，Ⅰ、Ⅱ级危险点的部位。同时，按照《危险化学品重大危险源辨识》（GB 18218—2018）、《危险点控制管理要求》（QJ 2867B—2016）的要求，对构成危险化学品重大危险源、危险点的安全风险，定期开展复评；对构成Ⅰ、Ⅱ级危险点的，按照危险点安全状况动态评估有关要求，定期开展动态评估。

2）应重点关注危险化学品使用、储存场所的浓度报警器完好状态，危险化学品柜等储存装置，以及防雷、防静电等安全装置的完好性；涉及危险化学品的“五新”的隐患排查。

3）应重点关注危险化学品运输环节、危险废弃物处理环节等相关方资质、安全协议等涉及相关方管理的内容。

4）应重点关注生产现场“三违”行为等薄弱环节的隐患排查，重点型号大型试验、飞行试验过程中使用危险化学品的隐患排查，涉及危险化学品航天应用技术产业公司的隐患排查。

应加强隐患排查过程中的管理工作，检查人员实行留名制，检查、处理和报告情况应当如实记录在案，记录留存备查；按照“三管三必须”的原则，对主管业务范围内涉及危险化学品的各级领导和责任人应亲自带队开展对主管业务范围内的隐患排查工作。

在隐患排查整治过程中，发现危险化学品事故隐患，无法保证安全的，应停产停业或者停止使用相关设施设备，及时撤出相关作业人员，必要时协调疏散可能受到影响的周边人员。

6.2.4　综合分析

经现场检查和数据分析后，检查组应对排查情况进行综合分析，提出检查的结论和意见。一般来讲，企业自行组织的各类隐患排查，应由检查人员对排查结果进行综合分析；上级主管部门或属地负有安全生产监督管理职责的部门组织的隐患排查，应统一研究得出检查意见或结论。

6.2.5　结果反馈和提出整改要求

现场检查和综合分析完成后，检查组应将检查的结论和意见反馈至被检查对象。结果反馈形式可以是现场反馈，也可以是书面反馈。

针对检查发现的问题，检查组应根据问题性质的不同，提出立即整改、限期整改等要求。企业自行组织的各类隐患排查，由被检查部门制定整改措施计划并组织实施。上级主管部门或地方政府负有安全生产监督管理职责的部门组织的隐患排查，应由检查组提出书面的整改要求，由企业制定整改措施计划。

6.3　隐患治理

只有对隐患排查所发现的问题隐患进行治理，才能真正解决企业生产经营过程中的问题，降低风险，提高安全管理水平。隐患治理应做到方法科学、资金到位、治理及时、责任到人、限期完成。能立即整改的隐患应立即整改，无法立即整改的隐患，治理前要研究制定防范措施，落实监控责任，防止隐患发展为事故。

6.3.1 隐患治理流程

隐患治理流程包括通报隐患信息、下发隐患整改通知、实施隐患治理、治理情况反馈、验收等环节。

1）通报隐患信息。隐患排查结束后，将隐患名称、存在位置、不符合状况、隐患等级、治理期限及治理建议等信息向从业人员进行通报，通报方式根据企业实际情况确定。

2）下发隐患整改通知。对于当场不能立即整改的，由隐患排查组织部门下达隐患整改通知，按照管控层级下发至隐患所在位置责任部门或者责任人员进行整改。对于日常排查出的隐患，班组及岗位应立即整改，不能立即整改或者超出整改能力范围的按照程序上报，由上级责任部门下发隐患整改通知。隐患整改通知内容应包含隐患描述、隐患等级、建议整改措施、治理责任部门和主要责任人、治理期限等内容。

3）实施隐患治理。隐患存在部门在实施隐患治理前应当对隐患存在的原因进行分析，制定可靠的治理措施和应急措施或预案，估算整改资金并按规定时限落实整改。

4）治理情况反馈。隐患存在部门在规定的期限内将治理完成情况反馈至隐患整改通知下发部门，由整改通知下发部门组织验收，未能及时整改完成的应说明原因，与整改通知下发部门协同解决。

5）验收。按照“谁排查谁验收”的原则，隐患排查组织部门应当对隐患整改效果组织验收并出具验收意见。

6.3.2 隐患治理分级

隐患治理应实行分级治理、分类实施，以实现资源投入的最大效益化。按隐患级别一般可采取岗位纠正、班组治理、车间治理、企业治理等层级实施。

1）一般隐患。指可以立即进行整改的隐患和问题。可由企业各级（部门、班组等）负责人或者有关人员现场负责组织整改，整改情况要安排专人现场进行确认。

2）较大隐患。指风险较小、可通过安全措施实施控制但无法立即整改的隐患和问题。应采取下达隐患整改通知单的形式限期整改。检查组向被检查对象下发“问题隐患整改通知单”，被检查对象应按整改要求制订整改计划，按计划要求及时完成整改，并填写“问题隐患整改通知单”报检查人员。

检查人员根据“问题隐患整改通知单”组织有关人员对整改落实情况进行验证，确保问题隐患按要求整改完成，形成问题隐患整改的闭环管理。“问题隐患整改通知单”中需要明确列出问题隐患排查发现时间和地点、问题隐患详细描述、问题隐患发生原因的分析、问题隐患整改责任认定、问题隐患整改负责人、问题隐患整改的方法和要求、隐患整改完成时间等。限期整改需要全过程监督管理，除对整改结果进行“闭环”确认外，也要在整改工作实施期间进行监督，以发现和解决可能临时出现的问题。

3）重大隐患治理。指风险较大、整改周期长、需停产或局部停产以确保安全的隐患和问题。经判定属于重大事故隐患的，应向上级主管部门或属地负有安全生产监督管理职责的部门报备。企业应当及时组织评估，并编制事故隐患评估报告书，评估报告书应包括隐患的类别、影响范围和风险程度以及对事故隐患的监控措施、治理方式、治理期限的建议等内容。重大隐患项目做到整改措施、责任、资金、时限和预案“五到位”。

企业根据评估报告书制定重大隐患治理方案。治理方案应当包括下列主要内容：

1）治理的目标和任务。

2）采取的方法和措施。

3）经费和物资的落实。

4）负责治理的机构和人员。

5）治理的时限和要求。

6）安全措施和应急预案。

6.3.3　隐患治理闭环

隐患治理完成后，应根据隐患级别组织相关人员对治理情况进行验收并出具验收意见，实现闭环管理。

重大事故隐患治理工作结束后，企业应对治理情况进行复查评估，并将治理结果向上级主管部门或属地负有安全生产监督管理职责的部门报告。重大事故隐患报告的内容应当包括：

1）隐患的现状及其产生原因。

2）隐患的危害程度和整改难易程度分析。

3）隐患的治理方案。

隐患治理验收完成后，企业对隐患形成的原因及治理完成情况进行分析评估，及时完善相关制度和措施，依据有关规定和制度对相关责任人进行处理，并开展有针对性的培训教育。

同时，上级主管部门对企业"隐患整改效果、责任制落实效果和重复问题发生率"（简称"两效一率"）的落实情况进行分析并实施考核，对严重危及生产安全的问题隐患实施"一票否决"。

6.3.4　隐患统计分析

企业根据生产经营活动特点，对本企业隐患治理情况进行统计分析，及时梳理、发现安全生产趋势性问题和规律，定期将"安全生产问题与事故隐患汇总表"（见表6－4）由主管领导审核批准后报上级主管部门；每年对本企业安全生产问题与事故隐患进行分析，形成统计分析报告，改进安全生产工作。

表 6－4　安全生产问题与事故隐患汇总表

单位：　　　　　　　　　　　　　填报时间：　　　　　　　　　　　　填报人：

序号	单位	部位	问题或隐患描述	问题级别			隐患级别			整改难度			表现形式	产生原因	整改完成情况/计划	检查层级
				一般	较大	重大	一般	较大	重大	低	中	高				

注：①问题级别、隐患级别及整改难度直接在表中画"√"。

②表现形式填写"人、物、环境、管理"中的一项。

③产生原因填写"制度、责任、投入、认知、培训、过程、源头"即可。

④整改完成情况/计划指整改实施情况或计划完成时间。

⑤检查层级指哪级单位检查的，如集团公司、院、厂（所）……

6.4 文件管理

企业在隐患排查治理过程中，应完整保存体现隐患排查全过程的记录资料，并分类登记建档管理。至少应包括：

1）隐患排查治理制度。

2）隐患排查治理清单。

3）隐患排查清单等内容的文件成果。

重大事故隐患排查、评估报告、治理方案、整改验收等应保留纸质记录，单独建档管理。

6.5 评估改进

6.5.1 评审

企业应适时和定期对隐患排查治理情况进行评审，以确保其持续适宜性、充分性和有效性，并保存评审记录。

6.5.2 更新

企业主动根据以下情况及时更新隐患排查治理的范围、隐患等级和类别、隐患信息等内容，主要包括：

1）法律法规及标准规程变化或更新。

2）政府规范性文件提出新要求。

3）企业组织机构及安全管理机制发生变化。

4）企业生产工艺发生变化、设备设施增减、使用原辅材料变化等。

5）企业自身提出更高要求。

6）事故事件、紧急情况或应急预案演练结果有反馈需求。

7）出现其他应当进行评审的情形。

第 7 章　常用危险化学品事故的应急救援与处置

本章针对不同危险化学品事故发生的特点、危害，从事故预防、事故处置及应急恢复和事故调查等方面分析了应急处置的流程、方法和原则。同时，结合航天电子产品研制特点，编制了常用典型危险化学品处置案例。

7.1　应急救援的原则和程序

危险化学品事故（以下简称“事故”）是指一种或数种危险化学品或其能量意外释放造成人身伤亡、财产损失及环境污染的事件。事故的发生让人们付出了惨重的代价，因此建立健全危险化学品应急救援体系是科学实施危险化学品应急处置的基础，一般分为预防、准备、响应和恢复四个阶段。

1）预防是指为预防控制或消除事故对人类生命财产危害所采取的行动，包括风险辨识、评价与控制、危险源监测监控等。掌握危险化学品事故发生规律、准确进行危险分析与风险评价是做好危险化学品事故应急处置的关键。

2）准备是指针对可能发生的事故，为迅速、有序地开展应急行动而预先进行的组织准备和应急保障，包括制定应急救援方针与原则、建立应急救援工作机制、开展应急培训与演练、筹备应急资源等。

3）响应是指事故发生后，为了保护人员的生命、减少财产损失、控制事故进程，有关组织或人员采取的应急行动，包括实施现场救援、引导人员疏散、环境保护与监测、现场搜寻与营救等。在开展事故应急处置中的主要工作有控制危险源、抢救受害人员、指导员工防护、组织员工撤离、做好现场清理、消除危害后果、查清事故原因、估算危害程度、保存记录、保护现场，以便于开展事故调查。危险化学品事故处置中常用的个体防护用品有防护服、正压式呼吸器、防护手套等。在使用自吸过滤式防毒面具进行事故救援时，应注意事故现场危险化学品特性及其事故产生危害物质的特性，以选取合适的滤毒罐。

4）恢复是指事故的影响得到初步控制后，为使生产、工作、生活和生态环境尽快恢复到正常状态而采取的措施或行动，包括损失评估、现场清理、事故调查与处理等。

待事故受控满足应急结束要求后，应开始现场恢复工作，通过现场清理、受影响区域的监测、事故调查与后果评价、重建等环节，使事故现场尽快恢复至基本稳定的状态，为长期恢复工作提供指导。应注意，全面进行事故现场的危险分析是识别事故现场危险源、杜绝二次事故发生的关键环节。

事故调查是鉴别事故原因、实施事故预防、验证安全管理水平、提升系统安全能力的重要手段。因此，事故现场勘察是进行事故调查的中心环节，针对事故现场进行痕迹勘查，并结合数学模型模拟，现场人员描述等信息来明确事故发生的原因，发展的过程。

由危险化学品泄漏事件树可知，常见的事故类型有火灾、爆炸、中毒、窒息和环境污染。为确保事故得到有效控制，应明确应急处置措施优先次序，使其在紧急状况下做出最理性的选择，提高应急措施的有效性。

在明确泄漏危险品的种类及化学性质后，首先根据物质泄漏后的影响区域划定警戒区、设立警戒线，将无关人员从侧风、上风向撤离至安全区。其次，通过切断、堵漏等方法切断泄漏源，例如，瓶阀密封填料处泄漏时，应检查压紧螺母是否松动或拧紧压紧螺母；瓶阀出口泄漏时，应检查瓶阀是否关紧或关紧瓶阀，或用铜六角螺母封闭瓶阀口。瓶体泄漏点为孔洞时，可使用堵漏器材（如竹签、木塞、止漏器等）处理，并注意对堵漏器材紧固，防止脱落，转移未泄漏危险化学品，消除泄漏范围内的所有点火源。最后，通过围堤堵截、稀释覆盖、收容、中和等方式控制泄漏物，减轻环境污染程度。泄漏后的危险化学品在受到其他作用发生火灾、爆炸、中毒、窒息和环境污染事件时，按照本章 7.2 节内容进行有序处理。

7.2 典型危险化学品事故的处置

7.2.1 火灾事故处置

灭火器是扑救初起火灾的重要器材，在扑救危险化学品火灾事故时，首先，迅速扑救初期火灾，切断物料和控制火势。其次，查明燃烧范围、物品特性、燃烧途径和危害。最后，根据实际情况采用冷却灭火、隔离灭火和窒息灭火等方式予以灭火，并注意以下事项：

1）正确选择灭火剂并充分发挥其效能。根据燃烧物料的性质、设备设施的特点、火源点部位及其火势等情况，选择冷却、灭火效能特别高的灭火剂扑救火灾，充分发挥灭火剂各自的冷却与灭火的最大效能。

2）注意保护重点部位。当某区域内有大量易燃易爆或毒性化学物质时，应将其作为重点保护对象，在实施冷却保护的同时，尽可能快速、安全地消灭该区域周围的火源，防止灾情扩大。

3）防止复燃复爆。将火灾消灭后，继续冷却燃烧区内的设备、设施、建（构）筑物等，消除着火源，并将泄漏出的危险化学品及时处理。若该区域可以用水灭火，则尽量使用整齐或喷雾水流稀释，排除空间内残存的可燃气体或蒸气。现场指挥应密切注意各种危险征兆，遇有火势熄灭后较长时间未能恢复稳定燃烧或受热辐射导致容器安全阀出现尖叫、晃动等爆炸征兆时，适时做出准确判断，及时下达撤离命令。

4）防止高温危害。通过危险化学品特性选用合适的降温方法，并利用掩体保护、穿隔热防护服、定时换班等方法避免灭火人员遭受高温危害。

5）防止毒害危害。明确警戒区，进入警戒区进行火灾扑救时应佩戴好个体防护装置、采取适当手段消除毒物，避免受到一氧化碳、二氧化碳和二氧化硫等的危害。

6）扑救易燃液体且比水轻又不溶于水的烃基化合物（如燃油、醚类、苯和苯系物）

的火灾可用干粉，火势初起可用二氧化碳扑救。对不溶于水比重又大于水的（如二硫化碳等）可用水扑救，因为水能覆盖在这类物质之上将火熄灭。能溶于水的易燃物（如甲醇、丙酮等）发生火灾时可用雾状水、化学泡沫和干粉熄灭。

7）遇水燃烧物遇水后会产生氢气、乙炔、硫化氢、二氧化硫等物质，甚至伴随着爆炸，因此在进行该类物质火灾扑救时禁止用水和含水的物质（如泡沫灭火剂），可用干沙、干粉和石粉灭火。扑救氧化剂类物质导致的火灾时，禁止用水、泡沫和二氧化碳灭火，可用干沙和干粉等来灭火。

8）其他注意事项。扑救爆炸物品火灾时，切忌用沙土盖压，以免增强爆炸物品的爆炸威力。在扑灭爆炸物品堆垛火灾时，吊射水流，避免强力水流直接冲击堆垛，以免堆垛倒塌引起再次爆炸。

扑救遇湿易燃物品时，一般可用干粉、二氧化碳和卤代烷扑救，禁止用水、泡沫和酸碱等湿性灭火剂扑救。钾、钠、铝、镁等物品严禁用二氧化碳、卤代烷灭火剂进行灭火。固体遇湿易燃物品应使用水泥、干沙、干粉、硅藻土等覆盖。禁止用带压灭火器喷射易燃性、可燃性粉尘，防止发生粉尘飞扬引起粉尘爆炸。

扑救毒害品和腐蚀品的火灾时，应尽量使用低压水流或雾状水，避免腐蚀品、毒害品溅出。遇酸类或碱类腐蚀品最好调制相应的中和剂稀释中和。

9）特种气体火灾应急处置。特种气体火灾是指硅烷、磷烷、硼烷、氨气、磷烷氢气混合气、一氧化碳、氢气、二氟甲烷、氟甲烷等自燃、可燃气体非预期外漏遇空气和火源（或自燃）而引发的独立燃烧。

发生气体火灾时，应首先触发火警警报，向当班事故指挥者、部门主管进行汇报，识别潜在影响范围，组织进行疏散及区域隔离管制，并根据火情的不同位置、状态及发展趋势做出不同的紧急应变反应。

现场人员根据起火位置、气体种类等信息，穿防火服，戴自给正压式空气呼吸器、防火隔热面罩和防火手套，参考表 7－1 中的应急处置步骤进行第一时间抢险操作。

表 7－1　特种气体火灾不同泄漏部位的应急处置

序号	泄漏气体种类	泄漏部位	处置步骤
1	硅烷、磷烷、硼烷	气体供应间	1）按下受灾气体供应间特气系统急停按钮，停止所有气体供应 2）关闭该区域气体钢瓶阀门 3）转移区域内其他可燃物，扑灭外围次生火势 4）确认相关阀门已正常关闭，异常钢瓶底部、受热管道进行洒水降温，直至可燃气体耗尽 5）过程中仅能进行周边降温，严禁在着火点扑救！若扑救过程中有钢瓶发热、升压严重的情况，应立即撤离
2	硅烷、磷烷、硼烷	分阀箱处	1）关闭涉及的气柜钢瓶及主管道出口阀门 2）关闭分阀箱内主管道阀门及支路阀门 3）转移区域内其他可燃物，扑灭外围次生火势 4）确认相关阀门已正常关闭，使用二氧化碳灭火器对受热管道处进行降温，直至可燃气体耗尽 5）过程中仅能进行周边降温，严禁在着火点扑救

（续）

序号	泄漏气体种类	泄漏部位	处置步骤
3	硅烷、磷烷、硼烷	设备端	1）关闭涉及的分阀箱入口阀门、故障支路阀门 2）按下急停按钮，关闭受灾机台上进气口阀门 3）转移区域内其他可燃物，扑灭外围次生火灾 4）确认相关阀门已正常关闭，使用二氧化碳灭火器对受热管道进行降温，直至可燃气体耗尽 5）过程中仅能进行周边降温，严禁在着火点扑救
4	其他可燃气体	气体供应间	1）按下受灾气体供应间特气系统急停按钮，停止所有气体供应 2）关闭该区域气体钢瓶阀门 3）转移区域内其他可燃物，扑灭外围次生火灾 4）确认相关阀门已正常关闭，使用二氧化碳灭火器进行扑救，明火消除后，对异常钢瓶底部、受热管道处进行洒水降温 5）关断气源前严禁直接在着火点扑救
5	其他可燃气体	分阀箱处	1）关闭涉及的气柜钢瓶及主管道出口阀门 2）关闭分阀箱内主管道阀门及支路阀门 3）转移区域内其他可燃物，扑灭外围次生火势 4）确认相关阀门已正常关闭，使用二氧化碳灭火器进行扑救并持续对受热管道处进行降温，直至降至室温 5）关断气源前严禁直接在着火点扑救
6	其他可燃气体	设备端	1）关闭涉及的分阀箱入口阀门、故障支路阀门 2）按下急停按钮，关闭受灾机台上进气口阀门 3）转移区域内其他可燃物，扑灭外围次生火势 4）确认相关阀门已正常关闭，使用二氧化碳灭火器进行扑救并持续对受热管道进行降温，直至降至室温 5）过程中仅能进行周边降温，严禁在着火点扑救

在第一时间处置的同时，积极抢救受伤和被困人员，对受灾区域进行人员疏散和区域隔离。

管道泄漏关闭阀门无效时，根据火势维持着火点的稳定燃烧，持续对钢瓶及受热管路进行降温，预防超压爆炸。现场指挥员及现场处置人员密切注意各种危险征兆，遇有明火熄灭后仍有漏气声音或钢瓶温度较高等爆炸征兆时，现场指挥员及时下达撤退命令。现场处置人员看到或听到事先规定的撤退信号后，应迅速撤退至安全地带。

明火熄灭后使用便携式气体侦测器检测着火气体在环境中的浓度，如达到二级报警值，现场处置人员及时撤离至安全区域，并采取通风措施。

7.2.2 爆炸事故处置

进行事故应急处置时，及时疏散火场周围易燃易爆品，应采取切实可行的措施，防止发生二次事故。禁用沙、土遮盖、压埋爆炸物品，以免增加爆炸威力。救险人员应利用现场的有利地形或采取卧姿行动，科学采取自我保护措施。如果存在二次事故触发征兆时，指挥员应迅速做出判断，下达命令，及时组织人员撤离。

在特种气体供应过程中，若气瓶发生容器爆炸事故，现场人员应立即按下中控室内全局关断按钮关闭全部特气供应，同时报告单位领导，拨打 110、120 请求救援，同时报告应急指挥领导小组组长。疏散特种气体供应区域内人员，对外围人员进行管控。

7.2.3　中毒和窒息事故处置

事故区域发生人员中毒或窒息事件时，如有可能，先对事故场所进行通风，救援人员佩戴防毒等防护用品、携带报警仪及救护用品后安全进入污染区。救援人员进入事故现场，首先对中毒或窒息者进行抢救，其次侦察毒物来源，果断采取措施切断源头。将人员转移至安全区后，对其衣物、毛发和皮肤等进行彻底清洁，防止伤害继续发生。同时，及时对相关人员进行解毒和促进毒物排出。

当特气泄漏、侦测器高位报警时，现场人员应熟悉特气供气系统图、管路走向、阀门名称和位置等关键信息，立即根据气体泄漏的不同位置采取不同的紧急应变措施；发现气体泄漏在气柜处，特气值班人员应首先穿戴好个人防护用具（图 7－1），进入特气供应间打开应急排风，手动按下泄漏气柜的急停按钮，然后手动关闭气体钢瓶的手阀、气柜出口阀；气体泄漏在分阀箱处，特气值班人员应首先穿戴好防护用具，然后进入气瓶间关闭钢瓶手阀及气柜出口阀，并通知相关单位加大净化间通风量；气体泄漏在工艺设备处，特气值班人员应首先进入气瓶间关闭气柜钢瓶手阀及出口阀；然后穿戴好防护用具，关闭泄漏设备对应分阀箱主管及支路各阀门，并通知相关单位确保净化间通风量。生产线内区域应急小组人员根据区域现场处置方案穿戴好防护用具，关闭设备端手阀。

发现特气泄漏的人员第一时间报告现场应急指挥人员、部门主管，启动应急预案。如发现中毒、窒息人员，应及时救援转移至外界环境，必要时应使用氧气袋进行输氧或使用喷淋洗眼器进行洗消处理，并拨打急救电话，等待专业医疗救援。

特气值班人员应实时监控特气侦测系统报警点位读值情况，每隔 5min 向现场应急指挥人员汇报监控结果，根据现场指挥员的指示开展进一步应急响应工作，至读值归零 30min 后进入现场调查处置。

图 7－1　救援人员佩戴防毒等防护用品

7.2.4　特气泄漏事故处置

特种气体泄漏应急抢险前应根据泄漏气体的性质选用适用的个体防护用品（图 7－2），

应急物资穿戴要求见表 7-2，对于兼具两种特性的气体，按照可燃、腐蚀、有毒、氧化/惰性的次序优先选取高等级的防护穿戴。全部应急用品应于操作作业、进入危害区域前穿戴，直至操作作业完成或离开危害区域后脱卸，不应中途脱卸。

图 7-2　危险化学品事故处置中常用的个体防护用品

表 7-2　应急物资穿戴要求

序号	操作/作业名称	穿戴要求
1	硅烷、可燃气体泄漏	防火隔热面罩、耐高温手套、阻燃防护服、防砸防静电鞋、自给式空气呼吸器
2	腐蚀性气体泄漏	A 级防化服、A 级防化靴、自给式空气呼吸器
3	有毒气体泄漏	C 级防化服、C 级防化靴、防酸碱手套、自给式空气呼吸器
4	氧化/惰性气体泄漏	自给式空气呼吸器

7.2.5　环境污染事故处置

根据事故发生的地点和事故类型，对事故中的泄漏物、燃烧爆炸产物、污水及其他附着危险化学品的用品进行统一回收、分类包装与集中处置，确保各类危险废物处置受控。消除有毒危险化学品可通过有一定压力的水进行喷射冲洗，或用热水冲洗，或用蒸汽熏蒸，或用药物进行中和、氧化或还原，以破坏或减弱其危害性。对于不易冲洗的黏稠状污染物，可用沙搓和铲除。对渗透污染物可经刷洗后再用蒸汽蒸发来清除污染。

事故现场进行处置时，应掌握现场危险化学品的理化特性（从 MSDS 可知）、应急处置措施、应急救援设备设施（图 7-3）的使用，更不能忽略事故中可能存在的其他危险有害因素导致的风险，例如，火灾事故中物质完全燃烧产物（二氧化碳、水蒸气、二氧化硫等）、不完全燃烧产物（一氧化碳、氨气、醇类、醛类、醚类）及热辐射，爆炸事故中应考虑冲击波及爆炸后碎片对应急处置的影响，充分利用现场应急救援资源进行有效处置。

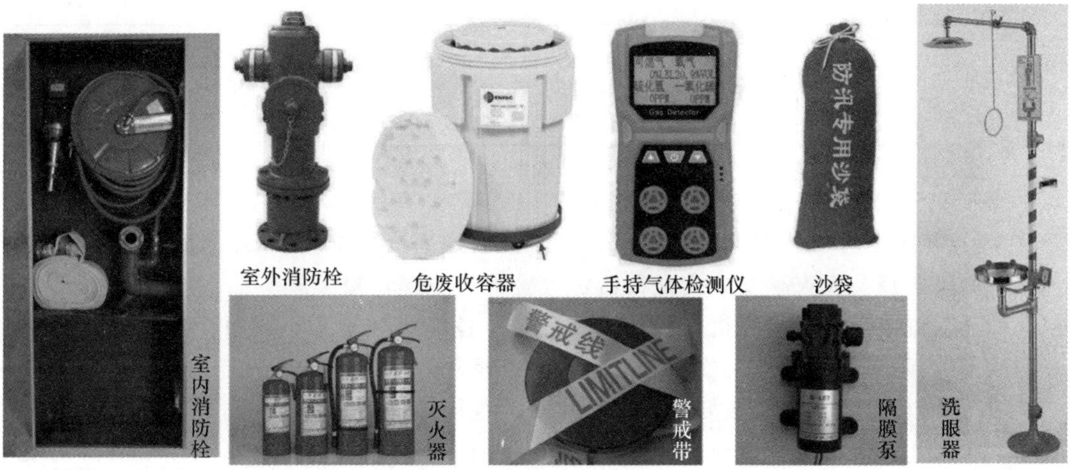

图 7－3　危险化学品事故处置中常用设备设施

7.3　典型危险化学品事故应急处置示例

××年×月×日，某公司发生火灾的某物品生产车间是一个洁净车间；为了保持洁净，车间通风系统采用了机械空气调节系统。当天下午，约有 200 名员工在车间工作，在清洁工作中采用了易燃易爆液体，抽风机械设施运转产生火花点燃易燃易爆液体产生的可燃蒸气酿成火灾。该公司建立了健全的应急处置机构，配备并定期检查现场应急设备设施，通过所建立的应急救援体系联动，有效控制了事故的发展。该公司应急处置机构具体见表 7－3。

表 7－3　某公司应急处置机构简介

序号	机构名称	职责
1	警戒疏散组	1）负责事故现场人员疏散 2）负责事故现场警戒，禁止无关车辆和人员进入，保持通道畅通 3）负责清点紧急集合地点疏散出的人数
2	通信报警组	1）接到事故现场人员报告，掌握事故现场情况，立即通知相关应急处置人员 2）在事故处置过程中进行信息传递工作，协调应急资源
3	现场急救组	1）利用应急救援装备（担架等）将受伤人员移至安全区域 2）在安全区域对人员进行急救 3）待专业救援机构到场后，将受伤人员移交给其进行全面救治
4	灭火扑救组	1）负责事故现场火灾扑灭或控制工作 2）协助抢救被困人员、转移重要物资
5	应急保障组	1）根据事故发展的情况，按照应急总指挥要求和现场救援情况及时提供应急物资至交界点 2）落实事故所在区域电源、气源等与事故救援无关的能量源切断情况 3）根据事故处置情况，完成相关洗消工作

（续）

序号	机构名称	职责
6	危废处置组	1）设置围堰，明确危废产生区域，使用隔膜泵、铁锹等将危废回收至废物桶 2）做好危废现场监管，即时将危废进行清点移交

注：在进行事故处置时，不属于应急处置小组的人员应按照日常演练情况并听从警戒疏散组的指导有序离开事故现场至安全区域紧急集合地点。

在应急救援指挥机构的统一指挥下，有序高效地完成了本次事故的应急处置：

1）事故报警：火灾触发火灾报警器，火警警铃响起，报警。

2）紧急疏散：应急指挥机构接到事故报警，各应急处置小组人员奔赴应急物资放置处，做好劳动防护，为后续工作做好准备；距离事故现场配电箱最近的人员切断电源；事故现场其余人员按照应急疏散要求有序撤离事故现场，撤离过程中按要求进行自我防护。

3）事故处置警戒疏散组组员 1、2、3、4、5 按照应急指挥小组指示在事故区与安全区设置警戒线；警戒疏散组组员 6、7、8、9 分别于紧急集合点清点现场人数，并通过对讲机将人数报送至警戒疏散组组长张三，张三将人数统计后报应急指挥机构，查看是否有人员未离开事故现场；应急保障组落实事故所在区域电源、气源等与事故救援无关的能量源切断情况；灭火扑救组佩戴空气呼吸器，穿防火服进入事故现场，进行火灾扑救；现场急救 A 组佩戴空气呼吸器，穿防火服，持手电进入事故现场搜索被困伤员，并使用救援三角架和柔性担架将被困人员救出，现场急救 B 组对救出的被困人员视情况进行急救。

4）现场恢复：应急保障组根据事故处置情况，完成相关洗消工作；危废处置组设置围堰，明确危废产生区域，使用隔膜泵、铁锹等将危废回收至废物桶；应急保障组继续清查人员、清点物资。

第8章　危险化学品智能化管控探索

本章结合企业危险化学品管理智能系统建设的实践经验，针对危险化学品管控的特点，从采购、储存、领取、使用及应急等方面，提出了借助物联网＋等先进技术，建立危险化学品全生命周期“一张图”的增能化管理系统的思路。

8.1　危险化学品智能化管控概述

近年来，全国各行业危险化学品事故频发，暴露出传统人工管理模式“看不住、管不住、管不好”等突出问题，国家已出台多项指导意见和配套方案，例如中共中央办公厅、国务院办公厅发布的《关于全面加强危险化学品安全生产工作的意见》、国务院安全生产委员会发布的《全国危险化学品安全风险集中治理方案》、应急管理部发布的《“十四五”危险化学品安全生产规划方案》。这些政策的密集出台，一方面说明我国危险化学品安全生产仍处于爬坡过坎、攻坚克难的关键期，另一方面也对企业层面危险化学品的安全管控提出了更高的要求。随着“中国制造2025”的落地实施，企业端各要素和各流程的数字化转型已成必然趋势，采用智能化的方式来管理危险化学品已成为政府部门以及很多头部企业的共识，危险化学品管理必然要实现数字化、智能化。推进危险化学品智能化管控，加强感知、监测、预警、处置和评估等方面赋能企业，破解企业安全生产的痛点、难点和堵点等问题，是实现企业转型升级的必由之路。

危险化学品智能化管控是指借助物联网＋等先进技术，将危险化学品管理与当代信息技术相结合，对危险化学品进行数字化、智能化管控。在智能化管控模式下，危险化学品的存取情况能够被直接反映在信息系统中，从而帮助相关人员实时了解其存取状况。危险化学品的使用申请、授权和审批等都能通过物联网平台完成，提高了整体效率，优化了管理流程。与此同时，大数据、物联网、AI技术等能够对危险化学品存放环境、存取量和作业人员等进行实时自动监测，并在出现异常情况时自动报警和处置。智能化管控的实现，能够显著提升企业危险化学品管理水平，保障化学品的存放及使用安全。

8.2　航天电子智能化管控系统实践

智能化管控系统由智能危险化学品柜、危险化学品暂存间、现场存取终端和管控中心等部分组成，而物联网＋人工智能、大数据技术、云计算技术正是连接各环节的关键。只有在这些技术的合理支持下，各部分才能组合成完善的智能化管控系统。通过系统平台（图8-1）能够实时了解化学品信息，同时进行使用申请、归还确认等操作。管理人员通过管控中心能够对危险化学品存放环境、存取、作业人员等进行实时在线监测和管理。关键技术模块如下：

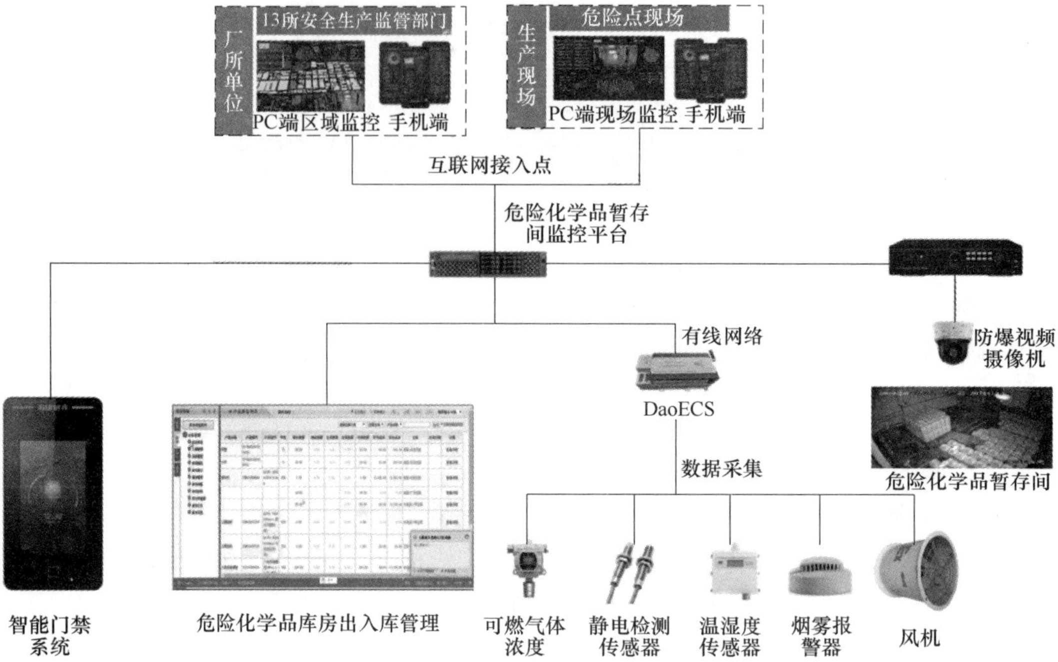

图 8-1 智能化管控平台的架构图

(1) AI 门禁系统

通过智能摄像头，自动识别进入危险点工作人员的防护穿戴状态，穿戴符合工作场所安全要求，同时通过人员身份认证后方可进入，任何一项未识别通过时门禁系统自动发出语音提示（图 8-2)。AI 门禁系统主动学习各种工作服、防护用品样式，不断优化识别精准度。

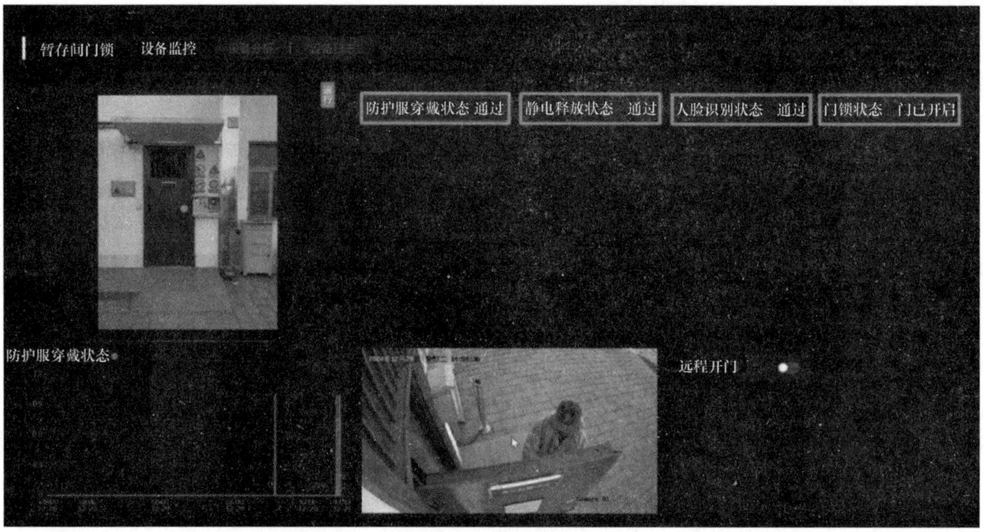

图 8-2 门禁管理系统识别认证环节

(2) 智能巡检系统

危险点内配置专业环境传感器组、视觉识别探头，组成智能巡检系统。通过预设点位与视觉主动识别相互配合，实现对危险点各类设施、设备以及环境信息的全覆盖检测。实现无人化值守，减少人员出入巡检，有效降低人员接触误操作等风险。

（3）出入库管理系统

为了能够给危险化学品的出入库管理提供一个绝对安全的环境，达到安全储存的目的，形成了出入库管理系统。该系统可以同时支持手机端和 PC 端对危险化学品的出入库进行全方位的管理，包括危险化学品种类管理、组织架构管理、人员权限管理、入库管理、出库管理、库存盘点和库存信息等功能。电子化的操作替代传统的人工手写录入的方式，使所有管理都有迹可循、有章可依，大大降低了出错率。出入库管理系统支持 API 接口数据对接，可以实现与危险化学品暂存间安全监控平台进行数据交互，管理人员可以通过危险化学品暂存间安全监控平台实时查看库存详细情况，对各个库房、库位进行限值设定。当库存数量超限时，安全监控平台能够发出报警，及时提醒管理人员进行处理。该出入库管理系统解决了危险化学品暂存间储存中存在的管理盲点，保证了危险化学品储存的安全性和可靠性。

（4）应急联动处置

通过高速物联通信网络，实现传感器组、在线监控、门禁系统、应急通风设施等系统之间的协调联动，同时针对不同时间提供对应处置方案，并由运维中心平台统一调度控制。

（5）可扩展性设计

系统宜采用模块化、组件化开发模式，可通过增加存储或服务器的方式，实现存储容量的扩展和系统性能的扩展；针对标准或自由通信协议，系统可通过超级网关配置软件自由配置通信协议，对缺少通信口的设备，边缘计算网关可通过侦听的方式监控设备参数；当接入设备数量增加时，可通过增加边缘计算网关的方式，实现设备接入数量的扩展，满足后续新增设备的动态化扩展。

8.3　智能化管控系统主要功能

智能危险化学品柜是与管控中心直接相连的全自动化、智能化管理设施，其能够对化学品状态以及存放环境进行实时监测，智能危险化学品柜会对柜内环境进行实时监测，包括气体浓度、温度、湿度和气压等，通过物联网络将这些数据实时上传到管控中心，并在监测数据超出预设范围时进行报警联动处置。与此同时，智能危险化学品柜也能对危险化学品状态进行检测和记录。每当发生存取操作后，智能危险化学品柜都会记录危险化学品重量并上传数据。现场存取终端上会显示危险化学品的名称、重量、存放日期和使用细则等信息，存取人员学习后方可进行存取活动。

危险化学品出、入库操作信息不再需要进行手动填写。只需要利用 RFID 频射技术扫描标签，并在获得系统权限后，库管员就能打开门禁系统，将危险化学品出库或入库，同时系统自动记录详细数据和信息，并同步更新到管控中心，如图 8－3 所示。

报警联动模块是智能化管控系统的重要部分。管理人员可以根据实际情况，设置相应的提醒警报阈值，一旦系统监测到触发相应提醒警报的情况，就会自动向对应人员发出警报和针对性指导策略，并同时联锁启动应急处置装置。例如，暂存间或智能柜内有危险化

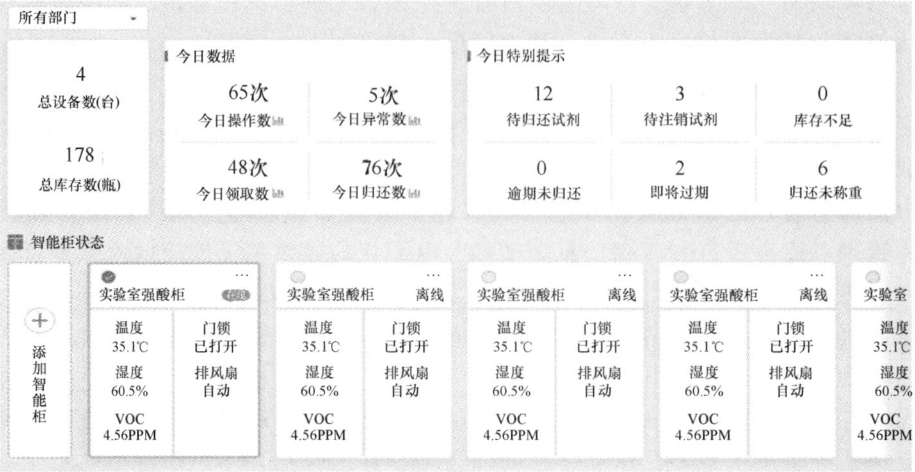

图 8－3　危险化学品存取安全状态

学品泄漏导致浓度超限时，系统会对具体管理人员发出警报信息，指导其立即到达现场通风并解决泄漏问题。警报发出的同时，视频系统会定位，同时现场排风系统会联锁启动，降低浓度。化学品存量超限系统会禁止入库，并向管理员发出警报，如图 8－4 所示。

图 8－4　可燃气体浓度报警时防爆风扇联动运转

8.4　危险化学品智能化管控技术探索

危险化学品智能化管理方案是借助先进的智能化技术，如物联网＋人工智能、大数据技术、云计算技术等，从各个层面实现管理的智能化管控模式。危险化学品的管理将成为一个统一整体，并且能够自动、智能地完成大部分管理任务，在减少管理强度的同时提高管理质量与效率。

目前，很多企业都在不断探索和实践危险化学品数字化管理，做到了企业危险化学品全周期信息“一本账”“一张图”。建立危险化学品全周期智能安全管控新模式，借助物联网、AI、大数据等先进技术，构建集风险管控、智能预警、应急救援等功能于一体的危险化学品智能化管控平台，实现可视化管理、全流程覆盖、一体化管控，充分保障危险化学品的存取及使用安全。

航天电子危险化学品的使用呈现多品种、小批量、出入库频繁等特点，应着力从危险化学品购置、储存、领用、回收、处置全周期探索数字化、智能化高效结合的管控模式。以智能化管控基础建设为根本，以解决管理信息滞后、沟通不便、环境及危险化学品监测不力、管理流程复杂等问题为重要目标，以构建智能化管控系统为途径，从多个维度实现危险化学品智能化管控。在建设过程中，应与企业 ERP、MES 系统等信息化系统融合、系统推进，建立更加智能且促进储存与使用联系更加紧密的体系，使危险化学品管理不再是完全独立的工作和任务，有效保障危险化学品的存放和使用安全。

附　　录

附录A　企业级安全检查表示例

部位：　　　　　　　　　　检查人员：　　　　　　　　　　检查日期：

序号	类别	检查内容	问题描述	检查频次	整改措施	责任部门	责任人	整改完成时间	备注
1	采购	危险化学品应在具有化学品经营许可证的供应单位进行购买，并确保所购买的危险化学品包装（包括外包装件）上粘贴或者拴挂与包装内危险化学品相符的化学品安全标签。危险化学品安全技术说明书和危险化学品安全标签所载明的内容应当符合国家标准的要求，并跟随危险化学品储存使用位置进行张贴							
2		购买的危险化学品应按照要求进行外观检查，确保其包装完好							
3		采购的危险化学品数量应合理							
4		采购易制毒品、剧毒品等受公安部门严格管控的危险化学品时，应严格履行采购审批手续，经保卫主管部门同意后，方可到公安机关办理采购手续							
5	储存	根据危险化学品性能分区、分类、分间储存。储存方式分为隔离、隔开、分离。各类危险品不得与禁忌物料混合储存							

（续）

序号	类别	检查内容	问题描述	检查频次	整改措施	责任部门	责任人	整改完成时间	备注
6	储存	储存的危险化学品应有明显的标志。同一区域储存两种或两种以上不同级别的危险化学品时，应按最高等级危险化学品的性能级别张贴标志							
7		储存间内严禁吸烟和使用明火，应设置安全警示标识，屋内应无火源和信号源							
8		设置有效的气体浓感、烟感报警设施，并定期检测							
9		储存间内应设置符合要求的易燃易爆和易腐蚀性危险化学品的专用储存柜，打开外包装的危险化学品必须入柜储存							
10		危险化学品的储存间管理人员应经培训考核合格，并设专人管理。严格出入登记制度，管理人员必须配备可靠的个人安全防护用品							
11		建立危险化学品的采购台账和发放台账，严格执行出入储存间核查、登记制度							
12		危险化学品储存间不得有地下室或其他地下建筑，且应具备不低于二级的耐火等级，延续使用的老旧房屋或使用非独立储存间储存危险化学品的，应保证选用不燃材料的实体墙							
13		危险化学品储存间应设置高窗，窗上应安装防护铁栏，窗户应采取避光和防雨措施							

（续）

序号	类别	检查内容	问题描述	检查频次	整改措施	责任部门	责任人	整改完成时间	备注
14	储存	危险化学品储存间门应根据危险化学品性质相应采用具有防火、防雷、防静电、防腐、不产生火花等功能的单一或复合材料制成，门应向疏散方向开启							
15		危险化学品储存间的总使用面积宜不大于300m^2							
16		储存间应保证24h可监控，监控系统应与值班室报警装置联锁							
17		储存间内不得储存杂物，特别是易燃物品和可燃废弃物品							
18		储存间应设置洗眼器等应急设施							
19		通风管道应采用非燃烧材料制作							
20		通风管道不宜穿过防火墙等防火分隔物，如必须穿过时应用非燃烧材料分隔							
21		储存间取暖的热媒温度不应过高，热水取暖不应超过80°C，不得使用蒸汽取暖和机械取暖							
22		取暖管道和设备的保温材料，必须采用非燃烧材料							
23		储存间温度不宜高于30°C，且应严格控制湿度，经常检查，发现变化及时调整							
24		储存间内照明、事故照明设施、电气设备和输配电电路应采用防爆型，布线应首先采用暗敷方式，必须明敷的，应穿金属管，管线接头做好密封							

（续）

序号	类别	检查内容	问题描述	检查频次	整改措施	责任部门	责任人	整改完成时间	备注
25	储存	储存间应优先采用自然通风，确需采用机械通风的，设备应为防爆型，并设有导消静电装置							
26		储存间内的照明开关应设置在储存间外							
27		危险化学品储存量应追求“零库存”的理念，根据科研生产任务量进行核算，在生产周转允许的条件下，储存量应保持最小							
28		危险化学品的储存间距应按照“属地原则”进行管理							
29		遇火、遇热、遇潮能引起燃烧、爆炸或发生化学反应，产生有毒气体的危险化学品不得在露天或在潮湿、积水的环境中储存							
30		受日光照射能发生化学反应引起燃烧、爆炸、分解、化合或能产生有毒气体的危险化学品应储存在一级建筑物中，其包装应采取避光措施 易燃液体、遇湿易燃物品、易燃固体不得与氧化剂混合储存，具有还原性的氧化剂应单独存放 有毒物品应储存在阴凉、通风、干燥的场所，禁止露天存放，禁止接近酸类物质 腐蚀性物品，包装必须严密，不允许泄漏，严禁与液化气体和其他物品共存							

（续）

序号	类别	检查内容	问题描述	检查频次	整改措施	责任部门	责任人	整改完成时间	备注
31	储存	存入时，应严格检验物品质量、数量、包装情况、有无泄漏、有无标识							
32		危险化学品存入后应采取适当的养护措施，在储存期内，定期检查，发现其品质变化、包装破损、渗漏、稳定剂短缺等，应及时处理							
33		危险化学品的使用采用“先进先出”的原则，防止储存的危险化学品过期							
34		危险化学品库房设专人管理，并配备可靠的个人防护用品							
35		应急预案和现场处置方案应进行演练，并完善							
36		危险化学品库房的出入库登记制度、仓库管理制度和检查登记制度应得到有效实施							
37	运输	危险化学品的运输应委托依法取得危险货物道路运输许可的企业进行							
38		危险化学品搬运人员应经过相关安全生产知识的培训，并指定专人负责。运输用工具应符合国家有关要求的规定							
39		在厂区内运输前应检查危险化学品的包装是否完好							

（续）

序号	类别	检查内容	问题描述	检查频次	整改措施	责任部门	责任人	整改完成时间	备注
40	使用	现场使用条件（包括工艺文件）应当符合法律、行政法规的规定和国家标准、行业标准的要求，并根据所使用的危险化学品的种类、危险特性以及使用量和使用方式，建立、健全使用危险化学品的安全管理规章制度和安全操作规程，保证危险化学品的安全使用							
41		现场大量使用易挥发的危险化学品时，应有局部排风措施							
42		各项操作禁止使用易产生火花的工具，作业现场应远离火源和热源							
43		操作易燃易爆化学品的工位静电防护措施应良好、可靠							
44		使用危险化学品的场所应配备安全技术说明书和安全告知卡							
45		现场的储存量应以随用随领为原则，明确当班最高用量和一般用量，且储存量不得超过当班用量							
46		现场不应储存危险化学品，确需储存的，应放置在专用的化学品储存柜或专用区域内，不得随意摆放							
47		暂时停用或者下班后剩余的危险化学品，应及时清点，由专人负责退回专用储存柜或化学品储存间内，并及时登记使用记录							

（续）

序号	类别	检查内容	问题描述	检查频次	整改措施	责任部门	责任人	整改完成时间	备注
48	使用	作业人员应根据危险化学品的性质，合理选择正确的个体防护装备							
49		车间应将危险化学品存放在危险化学品柜中，应限量存放，由专人管理							
50		危险化学品柜中应有对应的 MSDS（化学品安全技术说明书）和存量表，柜外明显位置应粘贴职业健康安全警示标志							
51		使用时员工应经教育培训，熟悉所使用危险化学品的基本安全知识							
52	处置	危险化学品废液应存放在原使用瓶内，禁止与其他危险化学品容器混放							
53		当班的废液应进行及时处理，由有关责任部门进行统一回收，并存有交接记录							
54		危险废物应采取防风、防雨淋、防渗漏等措施，防止产生二次污染，设置专门的存放场所，并有明显的标示牌							
55		暂存间的危险废物根据不同种类利用隔段分开，不相容的危险废物不能堆放在一起，毒性物质与易燃性物质不得混存							
56		危险废物储存间配备通信报警设备、照明设施、安全防护服装及工具，并设有应急防护用品							

（续）

序号	类别	检查内容	问题描述	检查频次	整改措施	责任部门	责任人	整改完成时间	备注
57	处置	有泄漏液体及浸出液收集清除系统的收集井，收集液排入工业污水处理站进行处理							
58		用以存放装载液体、半固体危险废物容器的地方，设计堵截泄漏的裙脚							
59		各部门应将报废的危险化学品统一回收，并送至处置主管业务部门统一储存							
60		处置主管业务部门应及时联系有资质的单位对报废的危险化学品进行统一处置							
61	其他	单位应制定《危险化学品专项应急预案》，并经评审验证后发布							
62		危险化学品使用现场应制定事故现场处置方案，建立应急设施，配备应急装备，储备应急物资							
63		单位每年应至少组织一次应急预案演练，并对演练效果进行评估，及时更新和完善预案							
64		单位对应急设施、装备和物资进行检查、维护和保养，确保完好可靠							

附录B　危险化学品库房管理岗位日常安全检查表示例

序号	检查日期 检查内容	××年××月																														
		1	2	3	4	5	6	7	8	9	10	11	12	13	14	15	16	17	18	19	20	21	22	23	24	25	26	27	28	29	30	31
1	化学品是否按《常用危险化学品储存禁忌物配存表》要求储存																															
2	室内温湿度是否达到要求																															
3	是否有火源、明火等安全隐患																															
4	设备设施（排风、接地、消防器材等）是否正常																															
5	库房是否有漏水、渗水和积水等现象																															
6	危险化学品容器是否粘贴安全标识																															
7	包装是否完好（渗漏、膨胀、变形）																															
8	危险化学品是否有变质现象																															
9	危险化学品摆放是否整齐、堆垛是否超高、堆垛是否符合安全距离																															
10	库房通风是否顺畅																															
检查人员																																
问题备注																																

附录C 重点工艺过程安全检查表示例

部位： 检查人员： 检查日期：

主要工艺过程	类别（涉及主要危险化学品）	检查内容	问题描述	检查频次	整改措施	责任部门	责任人	整改完成时间	备注
清洗涂装作业	易燃易爆品（无水乙醇、汽油、丙酮、聚氨酯清漆、稀释剂等）	1）清洗、涂装现场应设置防静电设施 2）清洗、涂装现场应设置在单独的场所，室内严禁明火及其他火种 3）清洗、涂装地点应避免阳光直接照射，盛装易燃溶剂的容器应加盖，且溶剂量宜不超过容器体积的2/3，禁止用塑料容器盛装 4）作业现场不得储存、堆放其他易燃易爆物品，易燃易爆废料及时从现场清理 5）作业场所油漆堆放储存量不超过当班用量，固定式小型调漆室存量宜不超过三日用量 6）通道保持畅通，出、入口处禁止堆放易燃易爆物品 7）应采用专用设备运输和使用酸液或碱液 8）操作过程中应严格控制化学反应所产生的温升 9）清洗、涂装过程应根据危险化学品特性制定相应的安全操作规程 10）喷漆室、调漆间的地面应采用不产生火花的材料制备，或覆盖不产生火花的材料，地面禁止残留漆料和调料 11）作业场所区域内的电动机、电气开关、电路、照明电器必须符合电气防爆安全技术要求。区域应远离火源 12）在喷漆点、喷漆室以及密闭空间内进行涂装作业时，应设置机械通风装置，必要时采取全面强制排风 13）封闭式易燃易爆物品使用场所，必须安装自动报警或抑爆系统 14）现场配备符合要求的消防设施，并保证消防设施可靠有效 15）现场应设安全警示标识、职业危害检测告知牌和职业卫生防护标志牌 16）在作业过程中，作业人员必须正确穿戴个人防护用品							

（续）

主要工艺过程	类别（涉及主要危险化学品）	检查内容	问题描述	检查频次	整改措施	责任部门	责任人	整改完成时间	备注
刻蚀作业	易燃易爆品、腐蚀品（四氟甲烷、六氟化硫、六氟乙烷、三氟甲烷、八氟环丙烷、八氟环丁烷、一氧化二氮、硅烷、磷烷、硼烷、二氯二氢硅、氯化氢、氯气、三氯化硼、氦气、氖气、氩气、氮气、氢氟酸、硫酸、盐酸、氟化铵、氢氧化钾、重铬酸钾、过氧化氢等）	1）设置有效的气体浓感、烟感报警设施。针对现场使用的特气种类和危险程度，合理配置浓度报警器和安装位置，声光报警系统完好有效 2）按规定设置有效的通排风设施。在作业过程中保持开启状态，排风效率满足要求 3）按规定设置有效的联动装置。泄漏报警、自动切断阀联动有效，气体报警装置应与进气阀、事故排风装置联动有效 4）设置齐全有效的应急物资和器材。配备足量、合适、完好的灭火毯、灭火器等消防器材，并设置在明显的便于取用的地方，周围不准堆放物品和器材，定期进行检查和保养；配备有防毒面具、药品箱、洗眼器（液）等应急救援物资 5）作业现场安全合理。设置独立的房间，门应向疏散方向开启；安全通道应畅通、无障碍物；特气管道介质、流向标识清晰，且张贴的间隔、数量满足相关要求；特气管道应明敷，穿过墙壁或楼板处的管段应设置套管，套管内管道不得有焊缝；一个特气供应系统供多台生产设备时，应设置多路阀门箱或阀门盘 6）气瓶存放使用应符合相关要求。应定置存放，标识齐全；应有隔振圈、气瓶帽、防倾倒等装置；压力表检定合格，在有效期内使用 7）储存应符合相关要求。压缩气体和液化气体应与酸碱采用隔离的储存方式，压缩气体和液化气体、易燃气体、不燃气体和有毒气体应分别专库存放，过氧化氢应专库存放，酸碱应分开存放，禁止硫酸与其他物品混存 8）在作业现场适当位置悬挂或张贴安全警示标志、职业卫生告知卡、规章制度、安全操作规程、现场应急处置卡、职业卫生检测报告、“一书一签”。安全警示标志、职业卫生告知卡应齐全、准确，规章制度、安全操作规程、现场应急处置卡应准确有效，职业卫生检测报告应在有效期内；“一书一签”应齐全、完整 9）合理配备并正确穿戴个体防护用品。在作业过程中不得出现未穿戴或摘掉个体防护用品的行为，配备、穿戴应齐全；个体防护用品不得存在破损情况							

（续）

主要工艺过程	类别（涉及主要危险化学品）	检查内容	问题描述	检查频次	整改措施	责任部门	责任人	整改完成时间	备注
电镀作业	硫酸、盐酸、硝酸、氢氟酸、草酸、氢氧化钠、氟化铵、氰化金钾、氰化钾、氰化钠等	1）储存电镀用剧毒化学品的房间应得到消防和公安等有关部门的批准。房间配备足够的消防设施和器材，且放在明显、便于取用的地点。消防设施和器材应经常保养，及时更新，并处于完好、有效状态 2）电镀化学品应存放在专用储存间内，禁止露天存放；储存电镀化学品的房间，应设置有明显的安全警示标志；储存场所应设有标牌，标牌应标有该储存场所的顺序号、储存的货物名称及其位置；电镀化学品应按不同类别、性质、危险程度、灭火方法等隔离储存；禁配货料应隔开存放；储存间应有严格的出入库、使用管理制度，出入库、领用登记记录齐全，安全技术说明书齐全 3）储存间应采用易冲洗的不燃地面；照明设施禁止采用碘钨灯和 60W 以上的白炽灯。当使用日光灯等低温照明灯具和其他防爆型照明灯具时，应当对镇流器采取散热等防火措施；房间内铺设的配电电路，需穿金属管或用非燃硬塑料管保护 4）按规定设置有效的通排风设施。在作业过程中保持开启状态，排风效率满足要求 5）使用场所应设置有效的排风措施，现场配备洗眼器 6）使用前应通过查看标签、安全技术说明书了解该电镀化学品的危害特性 7）应穿戴好相应的个体防护用品，在有安全条件的场所正确储存、使用电镀化学品 8）含剧毒的电镀槽应设防护盖，张贴警示标志并上锁。剩余电镀化学品禁止留在现场或其他地方，应及时退回库房 9）导电座与槽体之间、槽体与地面之间应设有可靠的绝缘层 10）临时盛装电镀化学品的包装上应张贴化学品名称标签；与电镀化学品接触的容器、工具，标志清晰，使用后及时清洗干净，放到指定的地方保存；空包装应及时清洗干净，放置在指定地点，并集中销毁 11）操作过程中禁止单独操作，氰化物或含氰液不应与酸摆放一起 12）操作人员应熟练、正确使用消防器材，应能正确处理液态化学品泄漏、流淌等事故							

（续）

主要工艺过程	类别（涉及主要危险化学品）	检查内容	问题描述	检查频次	整改措施	责任部门	责任人	整改完成时间	备注
电镀作业	硫酸、盐酸、硝酸、氢氟酸、草酸、氢氧化钠、氟化铵、氰化金钾、氰化钾、氰化钠等	13）剧毒品管理要严格执行“双人保管、双锁、双账、双人收发、双人领用”的“五双”管理要求 14）各电镀生产单位主要负责人应保证健全电镀化学品的安全管理规章制度，保证电镀化学品的安全操作和管理 15）从事储存、使用的人员，应接受有关安全知识、专业技术、职业卫生防护和应急救援知识的培训，并经考核合格 16）各单位应当为使用电镀化学品作业的劳动者提供符合国家职业卫生标准的防护用品							
外场试验	易燃易爆品（汽油、气瓶等）	1）设置专人管理 2）盛装容器应完好，无泄漏、无遗洒 3）限量储存，账务一致 4）应避免阳光直射，远离火源、热源、电源等，作业现场无明火和可燃杂物 5）搬运时应按有关规定进行，做到轻装、轻卸 6）气瓶存放使用应符合相关要求。应定置存放，标识齐全；应有隔振圈、气瓶帽和防倾倒等装置；压力表检定合格，在有效期内使用 7）设置齐全有效的应急物资和器材。配备足量、完好灭火器等消防器材，设置在明显的便于取用的地方，配备有药品箱等应急救援物资							

表 1-1　危险化学品的主要理化特性分类（P2）

1	爆炸物
定义	本类化学品指在外界作用下（如受热、摩擦、撞击等），能发生剧烈的化学反应，瞬时产生大量的气体和热量，使周围压力急骤上升，发生爆炸，对周围环境造成破坏的物品，也包括无整体爆炸危险，但具有燃烧、抛射及较小爆炸危险的物品
象形图	 如叠氮钠、黑索金、2，4，6-三硝基甲苯（TNT）、三硝基苯酚
特性	1）爆炸性。受热、撞击、摩擦及遇明火等易发生爆炸 2）殉爆。当炸药爆炸时，能引起位于一定距离之外的炸药也发生爆炸，这种现象称为殉爆。殉爆是由冲击波的传播作用导致的，距离越近，冲击波强度越大，越容易引发殉爆
航天电子常用	负胶清洗剂等
2	易燃气体（包括化学性质不稳定气体）
定义	易燃气体指在20℃和标准大气压下与空气混合有一定易燃范围的气体，根据易燃性程度分为两类（GB 30000.3—2013《化学品分类和标签规范 第3部分：易燃气体》）。类别1指20℃、标准大气压下与空气混合物的体积分数≤13%即可点燃的气体；或不论易燃下限如何，与空气混合体积分数至少为12%的气体，如压缩或液化的氢气（H_2）、甲烷、烃类气体、液化石油气等。类别2指20℃、标准大气压下与空气混合有一定易燃范围的气体，如氨、亚硝酸甲酯等 化学性质不稳定气体指在无空气或氧气时也能迅速反应的易燃气体，分为两个类别：类别A指在20℃和标准大气压下化学性质不稳定的易燃气体，如乙炔、环氧乙烷等；类别B指温度超过20℃和/或气压高于标准大气压时化学性质不稳定的易燃气体，如溴乙烯、四氟乙烯、甲基乙烯醚等
象形图	 如甲烷、乙烷、丙烷、乙烯、乙炔等烃类，还有硫化氢、氢气
特性	1）易燃易爆性 2）扩散性。处于气体状态的任何物质都没有固定的形状和体积，且能自发地充满任何容器 3）带电性。任何物体的摩擦都会产生静电，氢气、乙烯、乙炔等易燃气体从管口或破损处高速喷出时，也同样能产生静电 4）腐蚀性。一些含氢、硫元素的易燃气体具有腐蚀性，如硫化氢、硫氧化碳、氨、氢等气体都能腐蚀设备，削弱设备的耐压强度，严重时可导致设备系统裂隙、漏气，引起火灾等事故 5）毒害性。很多易燃气体除具有易燃易爆性外，还有相当的毒害性，因此，在处理或扑救此类有毒气体火灾时，应特别注意防止中毒
航天电子常用	氢气、乙炔、甲烷、硫化氢等

（续）

3	易燃气溶胶
定义	气溶胶指喷雾器内装压缩、液化或加压溶解的气体，并配有释放装置，以使内装物喷射出来，在气体中形成悬浮的固态或液态微粒，或形成泡沫、膏剂或粉末，或以液态或气态的形式出现。根据其易燃程度，气溶胶可分为三类：类别 1（极易燃气溶胶）、类别 2（易燃气溶胶）和类别 3（不易燃气溶胶）
象形图	 如杀虫喷雾剂、玻璃清洁剂、脱模剂、油漆、地板蜡、发动机清洁剂、空气清新剂、发胶等
特性	1）易燃易爆性 2）物理性爆炸。储存于容器罐内的推进剂及制品，在储运过程中，受到高温、暴晒等会急剧膨胀，罐内压力随温度升高而增大，当超过容器的耐压强度时，就会发生爆炸 3）扩散性。气体因为没有固定的形状和体积，可以在整个空间自由无规则运动。若迅速扩散到相对密闭的空间，与空气形成爆炸混合物，遇到火源就会发生燃烧或爆炸 4）氧化性。有些气溶胶制品的雾化推进剂（如一氧化氮等）氧化性很强，与易燃物、有机物或还原剂接触时，能加强燃烧程度，甚至引起爆炸
航天电子常用	油漆等
4	氧化性气体
定义	一般通过提供氧，可引起燃烧或比空气更能促进其他物质燃烧的任何气体
象形图	 如氧气、氯气、氟气、二氧化氮等
特性	1）引发燃烧爆炸 2）遇强酸猛烈反应分解 3）与可燃液体作用易自燃 4）强氧化剂与弱氧化剂作用能分解 5）具有腐蚀毒害性
航天电子常用	氧气等
5	压力下气体
定义	压力下气体是指高压气体在压力≥200kPa（表压）下装入贮器的气体，或液化气体、冷冻液化气体。压力下气体可分为四类，分别是压缩气体、液化气体、冷冻液化气体、溶解气体
压缩气体	在－50℃加压封装时完全是气态的气体，包括所有临界温度不超过－50℃的气体
液化气体	在高于－50℃的温度下加压封装时部分是液体的气体，它又分为高压液化气体和低压液化气体
冷冻液化气体	封装时由于其温度低而部分是液体的气体
溶解气体	加压封装时溶解于液相溶剂中的气体

（续）

象形图	 如氢气、甲烷、氮气等
特性	1）爆炸性 2）易燃性（如氢气、甲烷、液化石油气等） 3）助燃性（如氧气、压缩空气等） 4）毒害性（如氰化氢、二氧化硫、氯气等） 5）窒息性（如二氧化碳、氮等，虽无毒，不燃，不助燃，但在高浓度时也会导致人畜窒息死亡）等性质
航天电子常用	氢气、甲烷、氮气、氩气等
6	易燃液体
定义	指易燃液体、液体混合物或含有固体物质的液体，但不包括由于其危险性已列入其他类别的液体。闪点不超过 93℃的液体，易燃液体分为四类 本类物质在常温下易挥发，其蒸气与空气混合能形成爆炸性混合物
象形图	
类别 1	闪点＜23℃且初沸点≤35℃ 如乙醚（闪点为－45℃）、乙醛（闪点为－38℃）等
类别 2	闪点＜23℃且初沸点＞35℃ 如苯（闪点为－11℃）、乙醇（闪点为 12℃）等
类别 3	23℃≤闪点≤60℃ 如丁醇（闪点为 35℃）、氯苯（闪点为 28℃）等
类别 4	60℃＜闪点≤93℃
特性	1）易挥发性 2）易流动扩散性 3）受热膨胀性 4）带电性（汽油、苯、甲苯、液态烷烃等） 5）毒害性（如 1-氯-1，3-丁二烯、2-氯丙烯、3-氯丙烯、丙烯醛）
航天电子常用	低闪点液体：乙醚、丙酮、硝基清漆、石油醚、二甲苯等 中闪点液体：汽油、乙醇、甲醇、松香水、聚氨酯清漆、乙酸乙酯、异丙醇等 高闪点液体：煤油、润滑油、柴油、乙酸异戊酯（香蕉水）、正丁醇、松节油、威尔第清洗剂、负胶显影液、紫外负性光刻胶、氨基烘干磁漆、环氧漆等
7	易燃固体
定义	指容易燃烧的固体，通过摩擦引燃或助燃的固体 与点火源（如着火的火柴）短暂接触能容易点燃且火焰迅速蔓延的粉状、颗粒状或糊状物质的固体

（续）

象形图	 如红磷、硫黄等
特性	1）易燃性 2）可分散性与可氧化性（硅粉、锰粉、钛粉等） 3）热分解性（多聚甲醛、2-硝基联苯等） 4）遇酸、氧化剂易燃易爆 5）本身或燃烧产物有毒 6）对撞击、摩擦的敏感性 7）自燃性
航天电子常用	无
8	自反应物质或混合物
定义	即使没有氧（空气）也容易发生激烈放热分解的热不稳定液态或固态物质或者混合物，不包括爆炸物、有机过氧化物或氧化物质的混合物。当自反应物质或混合物具有在实验室以有限条件加热后易于爆炸、快速爆燃或显现剧烈反应时，可认为其具有爆炸特性
象形图	 如氢氧化亚铁等
特性	自反应物质和混合物按下列原则分为“A～G型”7个类型： 1）在包装内，会发生爆炸或快速爆燃的任何自反应物质或混合物，被划分为A型自反应物质 2）在包装内，具有爆炸特性，既不会爆炸也不会快速爆燃，但易发生受热爆炸的任何自反应物质或混合物，被划分为B型自反应物质 3）在包装内，具有爆炸特性，不会发生爆炸、快速爆燃或受热爆炸的任何自反应物质或混合物，被划分为C型自反应物质 4）在实验室试验中出现以下情况的任何自反应物质或混合物： ①有限条件加热时部分爆燃，不会快速爆燃，没有呈剧烈反应 ②有限条件加热时完全不会爆炸，会缓慢燃烧，没有呈剧烈反应 ③有限条件加热时完全不会爆炸或爆燃，呈中等反应 将被划分为D型自反应物质 5）在实验室试验中，有限条件加热时完全不会爆炸、不爆燃，呈微反应或不反应的任何自反应物质或混合物，被划分为E型自反应物质 6）在实验室试验中，有限条件加热时既不会在空化状态爆炸，也完全不会爆燃，呈微反应或不反应，低爆炸能量或无爆炸能量的任何自反应物质或混合物将被划分为F型自反应物质 7）在实验室试验中，有限条件加热时既不会在空化状态爆炸，也完全不会爆燃，并且不发生反应，无任何爆炸能量，只要是热稳定的（50kg包装的自加速分解温度为60～75℃），对于液体混合物，用沸点不低于150℃的稀释剂减感的任何自反应物质或混合物将被确定为G型自反应物质。如果该混合物不是热稳定的，或用沸点低于150℃的稀释剂减感，则该混合物应被确定为F型自反应物质
航天电子常用	无

（续）

9	自燃液体
定义	即使数量少也能在与空气接触后 5min 内引燃的液体
象形图	 如二乙基锌、三乙基铝等
特性	易燃性：自燃点低，空气中易发生氧化反应，放出热量，自行燃烧
航天电子常用	无
10	自燃固体
定义	即使数量少也能在与空气接触后 5min 内引燃的固体
象形图	 如黄磷、铝粉等
特性	燃点和自燃点较低，容易燃烧爆炸，燃烧速度快，燃烧产物毒性大
航天电子常用	铝粉等
11	自热物质和混合物
定义	除自燃液体或自燃固体外，与空气反应不需要能量供应就能够自热的固态或液态物质或混合物；此物质或混合物与自燃液体或自燃固体的不同之处在于只有数量多（千克级）并经过长时间（数小时或数天）才会发生自燃
象形图	 如还原铁粉、活性炭和食盐混合物等
特性	只有数量很多（千克级）并经过长时间（数小时或数天）才会燃烧
航天电子常用	无
12	遇水放出易燃气体的物质或混合物
定义	通过与水作用，容易具有自燃性或放出危险数量的易燃气体的固态或液态物质或其混合物
象形图	 如氧化钠、氯化铝、金属钠、钾等

（续）

特性	遇湿易燃性
航天电子常用	无
13	氧化性液体
定义	本身不一定可燃，但通常会放出氧气可能引起或促使其他物质燃烧的液体
象形图	 如过氧化钠、高锰酸钾等
特性	1）引发燃烧爆炸 2）遇强酸猛烈反应分解 3）与可燃液体作用易自燃 4）强氧化剂与弱氧化剂作用能分解 5）具有腐蚀毒害性
航天电子常用	过氧化钠等
14	氧化性固体
定义	本身不一定可燃，但通常会放出氧气可能引起或促使其他物质燃烧的固体
象形图	 如高锰酸钾等
特性	1）具有强氧化性，易分解并放出氧和热量 2）与粉末状可燃物能组成爆炸性混合物 3）对热、振动或摩擦较为敏感
航天电子常用	高锰酸钾等
15	有机过氧化物
定义	含有二价-O-O-结构的液态或固态有机物质，可以看作是一个或两个氢原子被有机基替代的过氧化氢衍生物，也包括有机过氧化物配方（混合物），有机过氧化物是热不稳定物质或混合物，容易放热加速分解
象形图	  如过氧化苯甲酰、过氧化甲乙酮等
特性	1）易于爆炸分解 2）迅速燃烧 3）对撞击或摩擦敏感 4）与其他物质发生危险反应 5）强氧化性

（续）

航天电子常用	无
16	金属腐蚀物
定义	通过化学作用显著损坏或毁坏金属的物质或混合物 腐蚀品是指能灼伤人体组织并对金属等物品造成损坏的固体或液体，与皮肤接触在4h内出现可见坏死现象，或温度在55℃时，对20号钢的表面均匀年腐蚀率超过6.25mm/年的固体或液体。该类按化学性质可分为以下3项： 1）酸性腐蚀品，如硫酸、硝酸、盐酸等 2）碱性腐蚀品，如氢氧化钠、氢氧化钾、乙醇钠等 3）其他腐蚀品，如亚氯酸钠溶液、氯化铜、氯化锌等
象形图	 如硫酸、盐酸等
特性	1）强烈的腐蚀性（硫酸、盐酸、硝酸、氢氧化钠、氢氧化钾等） 2）氧化性。如浓硫酸、硝酸、氯磺酸等都是氧化性很强的物质，与还原剂接触易发生强烈的氧化还原反应，放出大量热量
航天电子常用	酸性腐蚀品：硫酸、硝酸、氢氟酸、铝腐蚀液、磷酸、氟化铵腐蚀液、乙二酸等 碱性腐蚀品：氢氧化钠等 其他腐蚀品：氨溶液等

象形图：GHS02；GHS07（P13）

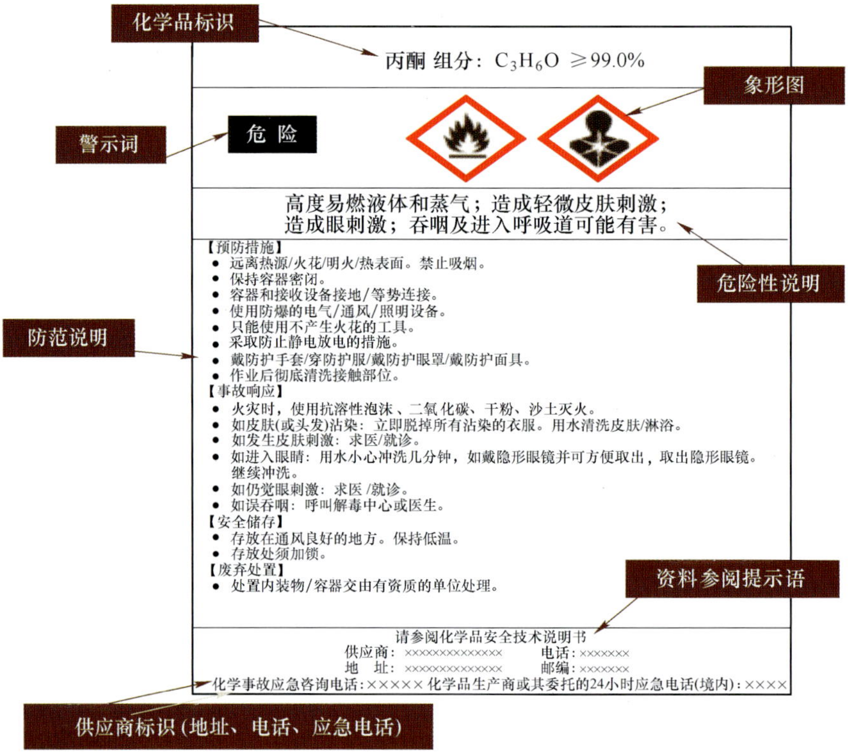

图 1－4 化学品安全标签示例（P19）

图 1－6 危险化学品简易安全标签（P20）

乙醇 $C_2H_6O \geqslant 99.50\%$

高度易燃液体和蒸气；造成严重眼刺激

【预防措施】

1) 远离热源/火花/明火/热表面。禁止吸烟。

2) 保持容器密闭。

3) 容器和接收设备接地/等势连接。

4) 使用防爆的电气/通风/照明设备。

5) 只能使用不产生火花的工具。

6) 采取防止静电放电的措施。

7) 戴防护手套/穿防护服/戴防护眼罩/戴防护面具。

8) 作业后彻底清洗接触部位。

【事故响应】

1) 火灾时，使用抗溶性泡沫、二氧化碳、干粉、沙土灭火。

2) 如皮肤(或头发)沾染：立即脱掉所有沾染的衣服。用水清洗皮肤/淋浴。

3) 如进入眼睛：用水小心冲洗几分钟。如戴隐形眼镜并可方便取出，取出隐形眼镜，继续冲洗。如仍觉眼刺激：求医/就诊。

【安全储存】

存放在通风良好的地方。保持低温。

【废弃处置】

处置内装物/容器交由有资质的单位处理。

请参阅化学品安全技术说明书

供应商：××××××××××××××　电话：×××××××

地址：××××××××××××××　邮编：×××××××

化学事故应急咨询电话：××××××× 化学品生产商或其委托的24h应急电话(境内)：×××××××

图 1－7　危险化学品安全标签（P21）

图 5－19　安全标志一（P88）

图 5－20　安全标志二（P89）

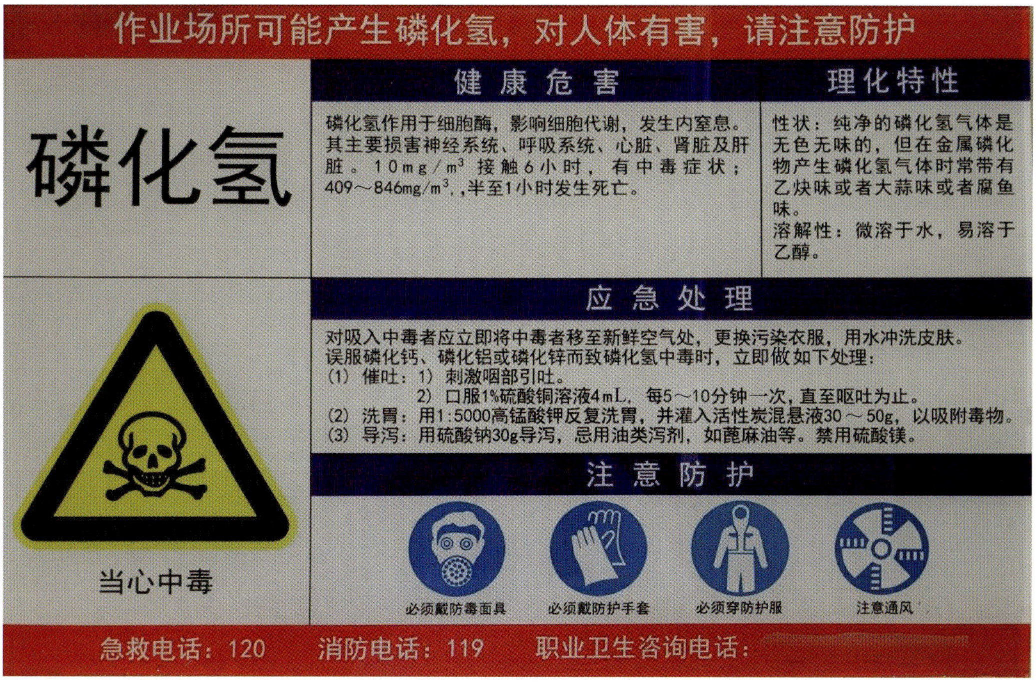

图 5－22　职业危害告知卡示例（P91）

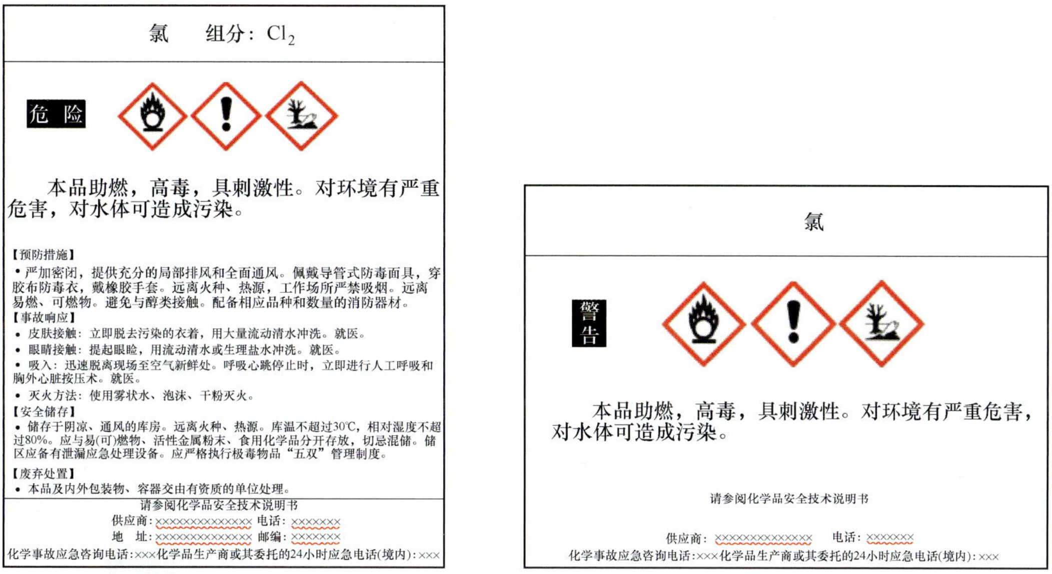

图 5－24　安全标签示例（P92）